情感操纵

INVISIBLE CHAINS

为什么伤害我们的
都是最亲近的人

[美] 丽莎 · 阿伦森 · 方特斯◎著
金媛◎译

人民东方出版传媒
People's Oriental Publishing & Media
東方出版社
The Oriental Press

图字：01-2019-0140

图书在版编目（CIP）数据

情感操纵：为什么伤害我们的都是最亲近的人 /(美) 丽莎·阿伦森·方特斯著；金媛译 .— 北京：东方出版社，2019.5
书名原文：Invisible Chains: Overcoming Coercive Control in Your Intimate Relationship
ISBN 978-7-5207-0815-9

Ⅰ．①情… Ⅱ．①丽… ②金… Ⅲ．①情感—研究 Ⅳ．① B842.6

中国版本图书馆 CIP 数据核字（2019）第 035286 号

情感操纵：为什么伤害我们的都是最亲近的人
（QINGGAN CAOZONG:WEISHENME SHANGHAI WOMEN DE DOUSHI ZUIQINJIN DE REN）

作　　者：[美] 丽莎·阿伦森·方特斯
译　　者：金　媛
策划编辑：鲁艳芳
责任编辑：杭　超　尼　娜　朱红坤
出　　版：东方出版社
发　　行：人民东方出版传媒有限公司
地　　址：北京市东城区东四十条 113 号
邮　　编：100007
印　　刷：清淞永业（天津）印刷有限公司
版　　次：2019 年 5 月第 1 版
印　　次：2019 年 5 月北京第 1 次印刷
开　　本：880 毫米 ×1230 毫米　1/32
印　　张：8
字　　数：128 千字
书　　号：ISBN 978-7-5207-0815-9
定　　价：49.80 元
发行电话：（010）85924663　85924644　85924641

引　言 Foreword

亲密关系中的情感操纵（Coercive Control）是指以情感为武器支配和胁迫他人达到自身目的的行为。表面看来，这种关系并不全是“糟糕的”，相反，处在这种关系中的人常感到沐浴在爱河中，尽管他们仿佛受到威胁、惩罚、孤立，甚至遭到身体暴力，却依然能感受到绵绵情谊。

虽然此种亲密关系的双方拥有牢固的情感联结，怀揣着同样的梦想和希望，但不可否认的是，情感操纵是令人痛苦的。与其他敌对和攻击不同的是，情感操纵是“温水煮青蛙”，能维持数月或数年之久，在看似平静的水面下，受害者的自主性逐渐受损，幸福度逐渐降低，终日活在恐惧中。

有人认为，蛮横和嫉妒是女性的专利，但在情感操纵中，却常见男性千方百计地伤害、恐吓、诋毁、孤立女性，无所不用其极，其原因将在后文讨论。当然，情感操纵也存在例外，有的是女性对男性施压，有的则出现在青少年群体之间，这些特殊情况将在第 5 章详细阐述。希望本书能帮助所有在情感操纵中备受困扰的人，无论他们的文化、年龄或性别如何。

本书中的例子均来自日常生活，其中不乏极端案例。由于情感操纵的表现方式十分微妙、难以觉察，当它首次显现时，受害者甚至误以为那是爱。举例来说，在一段恋爱中，如果男性期望与伴侣朝夕相处、共进午餐、送她上班、陪她逛街，女性通常认为自己找到了如意郎君，家人和朋友也将送上祝福。若她因失去个人空间和独处时间而提出异议，男性会解释自己只是坠入爱河，太关心她的安危。之后，男性会频繁地给女性发信息，这种做法不仅会打扰女性的工作，而且只要她没有及时回复信息，或者没有事先将外出计划告诉对方，男性就会大发雷霆。紧接着，男性开始偷看她的手机，不断因各种琐事与她争吵。就这样，女性在不知不觉中就受到了伴侣的情感操纵。

以上的情况很常见，极端案例则有所不同，其操纵行为均带有明显的虐待性。你可能禁不住疑惑："为什么受害者心甘情愿地忍受这种操纵行为？"这部分情况将在第4章进行讨论。

本书中的所有例子均源自真实事件，并遵循保密原则修改了相关细节。这些是我任职精神科医生，参加各种社会活动、研讨会，做研究员期间收集的案例，以及我作为情感操纵的受害者的亲身经历。

如何使用本书？

用任何你喜欢的方式阅读这本书，只要它对你有益。你可以只阅读本书中的故事或快速浏览本书，也可以任选其中一章，每天阅读几页，还可以在书的空白处写写读书笔记。如果你正处于情感操纵中，请确保将本书和读书笔记存放在安全的地方，避免被你的伴侣看到。阅读时，你可能会产生生理和心理不适，请照顾好自己，并在必要时暂停阅读或向他人寻求帮助。

我为什么写这本书？

我拥有心理学博士学位，专门解决各种家庭问题。我从事有关虐待妇女和儿童的专项研究长达25年，是这个领域的心理治疗师、专家、教授、培训师、顾问和活动参与者。我的工作区域包括俄亥俄州的教堂、智利的棚户区、加利福尼亚的医院，我曾为医生、警察、社会工作者、消防员、心理学家、律师提供专业的培训。另外，我还是三个孩子的母亲，如今他们都已成年。

每当倾听他人，我都会放下自己执业心理治疗师的身份。我倾听来自不同文化背景下的男性和女性，听他们讲述自己的亲密关系。我有幸与来自全美和全球的人共同交流和研究，我的书和论文也曾被学术界大量引用。

然而真正帮助到我的，是我自己的个人经历。在长达25年的婚姻中，我进入了一段操纵性很强的亲密关系中。在那些难熬的日子里，我意识到，在亲密关系中，一方的反复无常对另一方意味着什么，也亲身体验到被人跟踪的恐惧，即使这段关系结束了，我仍十分恐惧。我有很高的学历，懂得很多反暴力的知识，有稳定的工作，有牢固的朋友和家庭纽带，但即便这样，当时的我依然十分困扰。这段经历让我更加感激那些为处于危险关系中的受害者提供帮助的人。在朋友和家人的帮助下，我的生活恢复了平衡，我明白这要花很长时间，但无论如何，重获自由并非不可能。

希望本书能帮助读者远离情感操纵，提高亲密关系的质量，也终结无法改善的亲密关系。希望本书能让相关领域的专业人员和受害者的亲人朋友更加理解并更有效地帮助身陷情感操纵中的人，毕竟，他们本不必如此孤独。

同时，我希望本书能帮助男孩成长为真正的男性，尊重并善待自己生命中的女性，而非暴力相待。在亲密关系中，我们永远不要放弃自尊和自由。总之，为了更好地关心你的伴侣，建立更具支持性的亲密关系，请坚持阅读下去。

目　　录 Contents

第一部分
什么是情感操纵

第二部分
为何存在情感操纵

第三部分
特殊类型的情感操纵

第四部分
如何结束情感操纵

第一部分

什么是情感操纵

第1章

情感操纵的表现

在不同的亲密关系中，情感操纵的表现方式也不一样。本书主要关注的是男性对女性的情感操纵，而有关女性操纵男性的特殊情况，我们将在第 5 章进行讨论。

情感操纵很难被他人察觉

23 岁的戴夫（Dave）总是挖苦自己的女朋友莉丽（Lily），在撞见戴夫偷看自己的手机后，莉丽立刻和这个“混蛋”提出了分手。之后的几个星期，戴夫给莉丽发了许多短信。有一次，莉丽甚至发现戴夫在她的公司楼下等着。好在事情到此就结束了。

35 岁的曼迪（Mandy）却并不那么清楚自己的处境。在汤姆（Tom）旋风般的求爱攻势下，曼迪和他结婚了。婚后不久，汤姆就开始询问曼迪每天的生活细节、和谁说过话、谈了多久，他还抱怨曼迪和家人通话的时间太长。一次，曼迪未经汤姆的同意，擅自剪了短发，回家后，两人第一次发生了争吵。最终，曼迪妥协了，她答应把头发重新留长。可是，无论她做什么，汤姆好像都不开心。渐渐地，曼迪越来越不幸福，汤姆对她的挑剔总是让她手足无措。虽然他们生了两个孩子，曼迪却觉得日子大不如以前了。

莉丽和曼迪不仅是情场失意，更是情感操纵的受害者。如同上面的两个例子一样，情感操纵会损害受害者的独立性和自我意识，受害者的时间如何分配、选择什么样的朋友、穿什么样的衣服等最基本的权益都会被操纵者干涉和侵犯。

一般来说，情感操纵伴随着身体虐待和性虐待，有的伤害甚至是致命的。但一些情感操纵并没有施加身体暴力行为，取而代之的是较为温和的、不易被觉察的行为，例如拍打、推、抓等。

发生在亲密关系中的情感操纵诱惑性极强，由于双方关系非常亲密，对彼此也十分熟悉，操纵者往往掌握着受害者的隐私和秘密，并以此来要挟和伤害她。

正因如此，情感操纵很难被他人察觉，即使在人前显露端倪，也常被误认为是小两口之间的矛盾，外人不便过多干涉。这一切都使受害者更加求助无门。

情感操纵的受害者[①]就像人质一般倍感煎熬，她们容易在失望和自责中迷失自己，却不知问题究竟出在哪儿。长

① 这里用“受害者”来强调权力的压倒性，如果你更倾向于用“幸存者”，请自行替代。

期遭受伴侣的孤立和羞辱，加上对方喜怒无常，有些女性彻底丧失了自信，只能听之任之。为了维持这段感情，受害者与自己的家人和朋友也日渐疏远，甚至彻底断了联系。不幸的是，直到最后，她们都很难认清这段不健康的关系。

其实，这些受害女性与其他女性并无不同，只不过在脆弱无助时遇到了错的人，最终在爱情中遭了殃。

任何人都可能遭遇情感操纵，受害者可能住在豪宅、公寓、郊区或农村的房子里。恋爱初始，受害者可能因伴侣对自己的关怀备至而对其抱有期待或积极的态度。有时候，受害者表现得异常害羞、孤独、温顺甚至不安，外人虽感到有些不对劲，却又不确定是什么。对外人来说，操纵可能是明显的，也可能是隐秘的。

在外人的眼中，操纵者对爱人无微不至，他们待人友善，开朗又浪漫，显得魅力四射，甚至被认为是理想伴侣，想弄清他们从何时开始操纵伴侣十分困难。

当他们坠入爱河时，操纵者总说自己会全力支持和帮助自己的爱人，他会送她礼物，做一个好的倾听者，并提出自己的建议，还会尊重她，帮她完成一些较为困难的工作，把她的成功视为自己的成功。这段时间，女性沉浸在爱人的体贴和关心中，亲朋好友也会对她的男友大加赞赏：“你真幸运，也许你再也找不到这么好的男人了！”

不久，隐隐的担忧开始在女性心中出现：“如果我没有顺从他，后果将会怎样？”但她很快就把这些疑惑抛诸脑后，重新投入热恋的欢愉中。她并不想搅动这汪看起来平静的池水，因为对方也许很早就已暗示自己：你最好顺从我，这样对大家都好。

恋爱中的女性总希望伴侣无论何时都能如初恋时浪漫、体贴和迷人，也希望这就是他们的真面目。但对操纵者来说，如果女性没有犯错，一切就都在他的掌控之中，他的确会保持好那个无懈可击的“理想恋人”的形象。

可事情往往不能顺应人心。不知从什么时候起，操纵者开始将伴侣的成功当作是对自己的威胁和竞争，因为在女性的光芒里，自己的成功仿佛不再那么耀眼了。操纵者还会坚称，过多的社会活动会令女性无法全心全意地照看家庭，即使实际上女性已为家庭付出了很多，他们依旧因女性参加社会活动而嫉妒万分。生活就此变成一场博弈，女性获得的所有成就、尊重和友情，都像是从男性身上割下的肉。操纵者清楚，如果他们的伴侣变得更好，最终必将摆脱他们精心布下的操纵网。因此，他们变成了女性成长路途上的阻碍，像她的人生导师一样替她作出一切选择。曾经的支持变成了诋毁，因为在操纵者看来，对方的进步就是对自己的不忠。

其实，并非每日朝夕相处的情侣才能产生操纵关系，操纵者完全可以远距离操纵伴侣，跟踪她，破坏她的工作和人际关系。由于情感操纵涉及女性生活的诸多方面，简单的“离开”或结束关系也许并不能解决问题。在关系结束后，操纵行为可能依然持续，甚至升级。

操纵者阻碍伴侣自我成长的手段有很多，他们会切断女性向外界求助的渠道，干扰她的工作，阻止她晋升，找借口阻止她和亲友联络，反对她学习新的技能，阻挠她所有自我提升的尝试。下面，我将通过三个简短的例子阐明操纵者是如何阻碍女性成长的。

等到家里最小的孩子上了幼儿园，乔斯林（Jocelyn）就开始计划去大学读书，虽然早在结婚时她就有这个计划，但丈夫杰伊（Jay）却对此充耳不闻。这次计划的重提遭到杰伊的强烈反对，他说即便孩子上了幼儿园，也依然需要她的照料。杰伊希望妻子能彻底放弃这个计划。

克莉丝汀（Christine）觉得自己酒精摄入过多，想要戒酒。她将这个想法告诉丈夫雷蒙德（Lemond），说自己以后晚餐不再和他一起喝酒了。雷蒙德听后，厉声指责妻子明知自己讨厌独自饮酒，还企图逼迫他放弃喝酒。计划实行的第一天，雷蒙德就拒绝和妻子说话。后来，他提出了一个折中方案：只要克莉丝汀和自己一起用餐，就必须饮酒，他会监督妻子，不让她喝太多。最终，克莉丝汀妥协了。如此一来，雷蒙德成功逼迫克莉丝汀放弃了自己的目标，继续用酒精麻痹她的神经，直到她失去思考人生的能力。

初识塞缪尔（Samuel）并和他约会时，特蕾莎（Teresa）已是当地油画界一颗冉冉升起的新星。塞缪尔也画油画，但收入不高，只能在餐厅兼职。塞缪尔很浪漫，性情却喜怒无常。有一次，他在暴怒之下朝墙壁疯狂地扔书，还对着特蕾莎大喊大叫，特蕾莎很害怕。几个月后，塞缪尔把自己的行头搬进了特蕾莎的工作室，他说这便于他们更长久地相处。他还禁止特蕾莎在周末画画，这样两人才有更多的时间相处。在塞缪尔无止境的要求里，特蕾莎感到窒息。

在男性的操纵和阻碍下，受害者很难有机会充分发挥自己的潜力，她们觉得自己被限制了，越来越迷失在对方的价值观里，把对方的意见当成自己的意见，最终彻底丧失了独立人格。

你被情感操纵了吗

男性操纵伴侣的手段并不固定，可能多计并施，也可能依情境不同而改变手段。本书囊括了很多普通和极端的案例，这些恶劣的手段可能不会同时施加在同一个人身上。比如，有的人会为全家烹制美味的菜肴，却出于嫉妒，禁止伴侣和他人交往或外出工作；有的人允许妻子外出社交，却霸占妻子的工资，掌管家中的财政大权；有的人很少对伴侣大吼大叫，却常常用武力恐吓对方；还有的人虽不动用武力，却常用言语辱骂妻子……总之，“情感操纵”描述的是一种不健康的关系，任何糟糕的行为都不具备普适性。

另一方面，并非所有的操纵者都会因自己的所作所为而感到愧疚。操纵者的专制程度不同，但如果女性必须对伴侣的一切需求有所回应，并对此感到恐惧，那么毋庸置疑，她就已经沦为情感操纵的受害者。如果她甘于现状，或者一味地回避冲突，追求表面的和平，就更难获得解脱。在情感操纵关系中，操纵者会威胁、惩罚伴侣，限制她与外界的交往，霸占她的资产，剥夺她的人身自由。

情感操纵是一种连续性过程

无操纵的关系	情感操纵的关系	操纵性诱捕
⇓	⇓	⇓
相互支持，共同决策，没有人害怕受到威胁和惩罚。关系双方能平等交流，彼此尊重，共同成长。	操纵者利用各种手段操纵伴侣。为避免冲突和受到惩罚，女性须放弃自己对人生的规划、观点和梦想。她可能偶尔反抗，却因此备受孤立。	女性被施加了各种不平等的手段，以致其求助渠道被完全切断。女性时常感到恐惧、被孤立，受到威胁，丧失自我和独立性。

你被操纵了吗？

- 你感觉受到了威胁？
- 你害怕吐露心声？
- 你的伴侣经常嫉妒你、占有欲强？
- 你的伴侣限制你和家人、朋友联络？
- 你是否通过努力工作来躲避伴侣的诋毁？
- 你是否因伴侣强迫你做的事而感到羞耻？

如果你回答“是”的数量多于1，请继续阅读本书。

本书讨论的是情感操纵中的一般情况，即男性操纵女性。我绝非要指控所有的男性。与书中不同，生活中大多数男性不会操纵自己的伴侣，他们尊重女性，支持伴侣发展自己的兴趣和事业，一同承担烦琐的家务。

除此之外，越来越多的男性参与到抵制暴力的运动中，甚至加入反暴力组织，与女性一同进行“夺回黑夜”（take back the night）游行[①]。他们在学校、公司和社团发表演讲，劝导朋友、邻居和同事，让他们停止对女性的粗鲁行为。

幸运的是，受害者可以向他人寻求帮助，以打破操纵者对自己的过度操纵。本书将详细解析打破情感操纵的方法。请注意，在使用任一方法之前，请受害者务必确保自己的人身安全，并且对自身生活和自尊的受损程度有完全的掌控能力。除了受害者本人，心理治疗师、警务人员、医务人员和法律工作者也可以通过对此领域的学习，更好地支持和帮助受害者，更有效地宣扬互相尊重的社交观念。

---

① “夺回黑夜”游行，旨在抗议对女性各种形式的性暴力、关系暴力和家庭暴力。——译者

情感操纵是一切虐待关系的基础

前不久，虐待被认定为社会问题，并被列入犯罪行为的范畴。这是个不小的进步。例如，发生在普通伴侣和性伴侣之间的暴力可以称为家庭暴力（domestic violence）或亲密伴侣暴力（intimate partner violence）；发生在亲密关系中的强奸行为则称为熟人性侵（acquaintance sexual assault）、约会强暴（date rape）或婚内强暴（marital rape）；任何形式的跟踪——无论是粉丝跟踪影视巨星，还是跟踪一个普通人——都属于犯罪，美国还特别出台针对跟踪行为的相关法律；工作中或校园中的性骚扰问题已经困扰女性多年，近期这些问题都得到了关注，也已出台了相关法律……从这些大事件中，我们不难看出，亲密关系中的情感操纵终将受到关注。

必须强调的是，研究人员发现，在情感操纵中，最可怕的不是暴力引发的身体伤害，而是对女性自尊和独立性的损害。研究情感操纵时，我们必须同时关注受害者的身体损害和心理创伤。

操纵行为是一切虐待关系的基础。其实，情感操纵的某些行为已经被许多国家定义为犯罪，如身体暴力和性暴力，犯罪性质的骚扰、绑架、跟踪行为，但也有一些表现形式不属于犯罪行为，如电话骚扰或在伴侣的工作地点闹事。近年来，许多国家扩大了对伴侣虐待（partner abuse）的定义，将情感操纵也纳入其中。例如，在欧洲一些国家，情感操纵被视为行为犯罪，这意味着即便某行为在某单一事件中并不违法，但一系列有害行为累积起来，就构成了犯罪。

在情感操纵的关系中，只要出现侵犯人权的行为，如限制人身自由，就触犯了法律，受害者可以申请警方和法院介入。但如果仅仅出现道德性的错误和不友好的行为，则达不到违法的程度，只能说是疑似犯罪。无论如何，受害者都需要外界的帮助和保护，因为她们在糟糕的环境中备受孤立。如果你身边有这样的受害者，如果她们需要你伸出援手，你可以帮助她们认清自己的处境，并提供相关的物质支持。此外，社区也需要做好相关工作，宣扬正确的价值观。

第 2 章

情感操纵的手段

如果我们分别去看每个情感操纵者所使用的手段，就能很容易地得出一个“不健康关系”的结论。将这些操纵手段综合起来，就形成了对受害者有深远影响的支配模式。本章详细论述情感操纵中的常用操纵手段，它们是：孤立、规则、跟踪、虐待、威胁、惩罚、操控、贬低以及孩子。

孤立：试图切断对方与外界的一切联系

对操纵者来说，如果伴侣不成天围着自己转，他就感觉自己受到了威胁。因此，他总是试图操纵伴侣的一举一动，阻碍她获得成就，切断她与外界的联系。无论是出自对权力的渴望还是内心的不安全感，或者兼而有之，操纵者的目的都是想通过这种做法来威胁和操纵伴侣。随之而来的孤立感和对男性的依赖迫使女性忽略自己的需求，将操纵者视为自己生活的重心。

操纵者就像布下一张筛网，将伴侣的人际交往筛出她的生活之外，在这种环境中，女性很容易就失去了家人和朋友对自己的支持和帮助。同时因被孤立而无处表达自己的需求，失去了自我认同感。在这种环境中生活数月或数年，女性就逐渐忘记了曾经的自己有什么信仰、如何思考、如何感知。她离健康的人际关系越来越远，最后只能放弃自己的价值观和喜好，对操纵者一味顺从。接下来，女性甚至不再认为自己有自我表达的权利。当她彻底失去自我时，她就沦为了受害者。操纵者像领袖一样，完全掌控着女性的生活，决定着她行动的轨迹，并拒绝接受任何人的意见。

切断伴侣与外界的一切联系

操纵者使用的手段有时看似并不残酷。起初，操纵者对伴侣完全的占有欲似乎是热恋期的浓情蜜意，只不过他欲求不满罢了。他们常选择年轻又涉世未深的女性作为目标，假以保护之名操纵她。事实上，这种隔离对女性造成了严重的伤害。

操纵者孤立伴侣的方式有很多，比如让伴侣对自己产生依赖，宣布对伴侣的所有权，切断伴侣求助的渠道；或者将其软禁，使其远离家人朋友，无法结交新朋友，陷入无尽的孤独；或者夺走她的手机，要求知道她所有社交平台的账号和密码……他“清空”了伴侣的世界，唯独留下了自己。

操纵者还通过剥夺伴侣的独处时间来实现孤立，他可能坚持参与伴侣所有的娱乐活动，如购物、约会，或者因受不了陌生男性接近伴侣，而禁止伴侣参加同学聚会，如果他有事缠身，甚至会请自己的妈妈或其他人代劳。如果非要为自己的行为给出一个解释，那么操纵者的说辞也总是牵强附会。比如，如果伴侣有和朋友结伴跑步的习惯，操纵者就会以“你要备孕”为由，逼迫她放弃这个习惯。当然，操纵者也可能直接粗暴地下禁令而不给出任何理由，只是因为自己想让她这么做而已。

虽然进入职场参加工作能帮助女性避免被完全孤立，却不能真正地使她远离情感操纵。因为即使身在职场，操纵者还是能通过电话、短信、邮件和其他任何可能的方式来实施操纵，他可能强迫伴侣推掉所有应酬，一下班就必须立刻回家。总之，无论是否外出工作，自由的社交都成为受害者永远无法企及的目标。

有的女性和家人的关系很好，操纵者就会禁止伴侣与亲友见面，或者尽可能减少家庭聚会的时间和频率。有的会要求伴侣尽快完成家庭角色的转变，从“女儿”变成“妻子”；有的会挑拨伴侣和家人的关系，在家人面前使她难堪；有的会监听伴侣的电话，监视她在社交平台上的一举一动；还有的会毁掉她过去的照片、礼物和信件，甚至拿她家人的安全威胁她。

操纵者常常试图彻底毁掉伴侣的支持系统。他会给她的朋友发不合时宜的照片，或者恐吓她的朋友，有的干脆勾引她的闺蜜，然后上演“恶人先告状”的戏码。操纵者绞尽脑汁孤立伴侣，使她无法离开自己半步。

操纵者还故意测试伴侣对自己的忠诚度。他认定伴侣和他人交往就是不关心自己的表现，然后编造各种紧急事件来干扰伴侣的社交活动。比如，操纵者总在伴侣独处时提出性要求，或者说自己遭遇了车祸，需要她送自己去医院，或者提议来一场“心灵的对话”。

为了阻止伴侣向他人倾诉，操纵者总强调“家事不可外扬”，否则就是不忠。这看起来像是为了保护双方隐私而作出的客观声明，却使得伴侣很难寻求外界的支持。这是操纵者实施孤立策略的一部分。

禁止伴侣工作，切断经济来源

操纵者想尽办法阻止伴侣外出工作，他们会在她工作时说自己病了，需要照顾，或者在她的办公场所捣乱，使伴侣难堪。一旦女性被开除，就为日后被孤立奠定了基础。为了让伴侣安心回归家庭，或迫使她与自己一起工作，操纵者会说自己可以养她，可以无微不至地照顾她，满足她的物质需求。有时候，操纵者会强迫伴侣怀孕生子，逼迫她将所有的精力投入家庭，或者将繁重的家务琐事全都压在伴侣身上，以致她没有多余的精力和时间做自己想做的事，或者只要家里有人生病，他们就要求伴侣留在家中照顾。当然，有的女性会作出上面的选择，或与伴侣讨论后这么做，但在情感操纵中，这些事情是由不得女性决定的，后者是我们现在讨论的情形。

36岁的梅雷迪思（Meredith）在广告公司工作，职场上，她需要时刻注意自己的外在形象。由于她在工作上花了许多时间，丈夫乔伊（Joe）越来越嫉妒。乔伊会把梅雷迪思的笔记本电脑藏起来，劝她多休息一会儿，在她要出门上班时提出性要求，故意让她迟到。一天早晨，得知梅雷迪思要出席一场非常重要的演讲，乔伊暴跳如雷，他将咖啡泼在她的身上，弄脏了她要穿的外套，梅雷迪思不得不重新换衣服。乔伊的行为让梅雷迪思伤透了脑筋。为了确保演讲顺利进行，她特地将新买的外套放在了办公室，又将演讲稿拷贝了一份，存在办公室的电脑里。同事们感觉到梅

雷迪思承受着很大的压力，注意力也不集中，却

对她的遭遇一无所知。

操纵者可能掌管着家中的财政大权，拒绝满足伴侣最基本的物质需求，或者通过恐吓、欺骗、暴力或窃取伴侣的财产来孤立对方，或者要求伴侣承担家里的共同支出，如房租、伙食费、水电煤气费。有的操纵者拒绝帮妻子还信用卡，或者坚持所有的信用卡都要双方共同持有，然后故意损坏她的信用度。他可以毫无顾忌地为自己花大把的钱，却对伴侣极其吝啬。他逼迫伴侣上交自己的全部存款和工资，只留下一点儿作为日常开销。他将交房租和水电煤气费的账户转到伴侣名下，声称自己会支付一半的费用，却从未兑现过。如果操纵者的花销超过了家庭的承受范围，操纵者就会禁止妻子为家庭、为自己花任何钱，以维持家里的收支平衡。

有的女性还必须承担操纵者的个人花销，例如他的学费、车贷或工作用品。虽然操纵者总说自己会还钱，却从未付出过行动。如果女性打算分手或已经分手，操纵者就会威胁要破坏她的信用度，逼迫她回到自己的身边。而一

旦失去了经济基础，女性只能陷入更深的孤立中。

此外，有的操纵者承诺给伴侣金钱，让她过上奢靡的生活。但事实表明，享用操纵者的金钱是需要付出代价的——她必须满足操纵者的每一个欲望。如果女性想要离开，就会收到操纵者的账单，要求她还清过去所有的花销。

破坏伴侣的名誉和人际关系

有的操纵者通过破坏伴侣的名誉来孤立和操纵伴侣，或以此要挟。举例来说，为了让女友服从自己，高中生会以散播有关女友的绯闻来威胁女友。面对这种情况，女性担心人们对自己的看法会受到操纵者的影响，因此可能选择退出社交活动。毕竟，操纵者编织的谎言是能对她造成伤害的。

操纵者经常在第一次约会时就对对方的事情盘根问底。起初，这可能被认为是爱的表现，但随着时间的推移，女性会发现，操纵者只不过是在为日后的操纵收集更多的资料罢了。

在情感操纵中，操纵者几乎一直在妒忌，这使女性很难参加普通的社交活动，或与他人正常交往。操纵者会控诉伴侣与同事、朋友打情骂俏，或者与他人发生不正当的性关系，还会造谣说他人对她有好感，只是她没发现而已。女性要时刻汇报自己的穿戴和妆容，以此来打消操纵者的嫉妒之心。

通过现代科技孤立伴侣

操纵者常偷看伴侣的手机，随意翻看她们的电脑和与他人的聊天记录。如今，夫妻之间分享各自的照片和隐私是十分常见的，不同的是，操纵者会利用这些信息破坏伴侣的名誉。他强迫伴侣拍一些私密或性感的照片，或者未经她的同意就擅自拍照片或录视频，然后威胁伴侣，如果她没有顺从自己，他就要把这些照片发给她的朋友、家人、同事、老板和她所有网上的好友。发生在网络上的报复行为数不胜数，多数是由男性所为。

彼特（Peter）每天都要花至少 1 个小时来看色情小说，这让妻子艾普莉（April）很烦恼。彼特还强迫妻子与他人发生性关系，参加狂欢派对，与他一起去情色旅馆。痛苦不堪的艾普莉无法按照丈夫说的去做，当她提出分手并搬出去后，彼特声称自己有他们亲热的录音和照片，如果她执意如此，他就将这些发给她的母亲、孩子和公司领导。

起初，艾普莉觉得十分无助和恐惧。后来，她发现了彼特的秘密——他曾用办公室电脑进行色情活动而被捕。她搜集证据告诉彼特自己再也不会忍了，如果他报复她，她会以牙还牙。最终，彼特投降了。

有时候，操纵者会煽动他人给伴侣发送重复的、刻薄的消息。而使用信息技术，以蓄意、重复和敌对的方式伤害或骚扰他人的行为被称为网络骚扰（cyberharassment）——这是一种犯罪行为。

除此之外，有的操纵者会假扮成伴侣出现在社交媒体上，这也属于犯罪，因为该举动严重破坏了女性的名誉，对其工作和社交生活产生了巨大影响。

萨姆（Sam）用前妻的名字桑迪（Sandy）在知名的购物网站上注册了账号，以她的名义发布奇怪的评论，浏览性玩具和色情小说。他还潜入桑迪的邮箱，向她的客户、同事和老板发送不雅信件，严重影响了桑迪的名誉和工作。桑迪的老板虽深表同情，还是以“避免扰乱工作秩序”为由，暂停了桑迪的工作，他建议桑迪在事情解决之后再来工作。

萨姆的行为属于身份盗窃（identity theft），是非法的。

孤立移民女性[①]

无论操纵者是移民还是本国公民，移民女性都需要面临更多非同寻常的孤立，也许是因为移民女性语言不通、

① 在美国，家庭暴力、性侵犯、非法交易或其他犯罪行为的证人或目击者有资格获得U签证、T签证或VAWA（Violence Against Women Act）签证申请程序，这可以帮助她们获得公民资格。这些信息可以从网上和与暴力受害者相关的工作机构中获得。

习俗差异或者其他原因。如果女性来自传统国家，就更容易受到伤害，因为她们的文化提倡男尊女卑，不赞成离婚，宣扬女性对男性的顺从；如果原来的国家很少有针对受虐女性的咨询和服务，那么这些女性就不太可能在新的居住国使用这些服务。

在这种情况下，操纵者很可能通过夸大新环境的危险性而把女性牢牢地绑在自己身边。一个美国的教授带着来自日本的妻子和孩子搬到郊外，然后告诉妻子，她太心不在焉了，一定学不会开车。因此，妻子无论去哪儿都得依附丈夫，没有任何机会学习当地的语言和社交。在伦敦还发生过这样一件事：一个来自加勒比地区的男性拒绝给妻子购买过冬的厚衣服，妻子只能穿凉鞋和棉质连衣裙并不得不整日待在家中。

如果女性没有完整的移民证件，就更容易被操纵。操纵者会拿走伴侣的相关法律文件，阻止她们成为合法居民，然后威胁伴侣如果不服从自己就会被驱逐出境。操纵者还经常在伴侣的公民资格问题上撒谎。

操纵性诱捕

如果将极端孤立与本书提到的其他操纵策略相结合时，一个人被操纵的程度就可能达到“操纵性诱捕”。操纵性诱捕中的受害者会关注如何在当下求生，如何逃脱惩罚，一心只想着怎样做得更好、更讨人喜欢，努力让伴侣满意。这种情况下的受害者深受折磨，可能变得绝望，对其他事情不闻不问。有的操纵者还会故意损伤伴侣的健康状况，多次在半夜叫醒伴侣，限制其进食和接受医疗照顾，多次使伴侣意外怀孕，或者殴打、强奸伴侣。

为了获得外出的“特权”，卡拉（Cara）必须向丈夫作出各种性感动作，这使她深受折磨。玛勒（Marla）的丈夫每天早上都把她锁在家中，直到晚上下班回家后才放她出来，他说这是为了保护她的人身安全。如果玛勒表现得好，他就带她去商店买东西。基塔（Gita）的丈夫禁止妻子独自外出，他坚持陪妻子就医，并向医生解释说这是他们的“传统”。海蒂（Hattie）的男友持续多年地损害她的健康和自尊，以致海蒂讨厌被任何人注视。如今，她甚至不能注视镜中的自己了。

操纵性诱捕中可能存在绑架或监禁等犯罪行为。操纵者的行为令人极其不安，因为它们不可预测。处在此种情况下的女性深感绝望，有时她们强烈地反击操纵者，企图在濒临灭亡时拯救自己。

抵制孤立

任何人都不会轻易放弃主宰自己命运的权力，为了保护自己脱离困境，被孤立的女性付出了极大的努力，她们开始做礼拜、美容、逛商店或接送孩子时主动与人交谈，重新与朋友、家人联络，加入健身俱乐部、读书俱乐部或父母成长组织，她们在网络上交友、应聘或者重回学校读书，开始存私房钱，为自己或孩子投资。操纵者设置了重重困难，企图阻止伴侣的自我成长，他想方设法地窥探伴侣与他人的交往，持续不断地烦扰她，直到她停下来。随着时间的推移，受害女性不难发现，伴侣总是阻止自己与他人进行有意义的互动。但无论如何，与外界取得联络才是自我成长的关键。

规则：如果你不顺从我，我就要惩罚你

操纵者通过对伴侣日常生活的细节管理与规则制定来巩固自己的支配地位。比如，他会限制伴侣进食，强迫她通过服药变得更苗条、更温顺、性需求更强。除此之外，操纵者还企图支配伴侣如何表达自己的情绪、看什么样的电视节目、浏览什么网站。他决定伴侣每天的着装、妆容、锻炼计划和洗漱习惯。每一次提出要求，操纵者都在传达“如果你不顺从我，我就要惩罚你”的潜台词。为了避免发生更为激烈的冲突，女性只能遵从操纵者制定的规则，将自己推向长期被孤立的深渊。

操纵者常常在与女性角色相关的领域施加操纵。例如，他可能对伴侣在照料家庭、准备一日三餐、管理个人形象、照料孩子和性生活等方面进行严格要求，比如，要求女性随时做好接待客人的准备，强制要求伴侣按照字母顺序将

香料和罐头摆放整齐，以特定的方式叠毛巾，以固定的时间顺序做家务，即使伴侣生病了，也不能改变。这种做法非常极端，与一些男性的粗鲁和偶尔的越界不同，在情感操纵中，操纵者对伴侣的期待变成了要求，伴侣必须忽略自己的喜好和幸福而无条件地满足操纵者，承担他的失望带来的严重后果。

操纵者还经常制定规则，使伴侣生活在害怕犯错的恐惧中。这些规则可能太笼统，伴侣根本无法遵守，比如，“永远不要惹我生气”“每顿饭都要做得好吃”“不用我说你就要知道我在想什么”。有时候，这些规则是自相矛盾的，但女性只能遵循其一。通常，规则会变得越来越细，以致违规几乎是不可避免的。当女性试图解释自己为什么会违规时，她就会被操纵者打断，并被告诫不要争辩、不要再找借口。这些时刻都在变化的规则很容易让女性失去平衡。

有时候，这些规则看似适用于夫妻双方，但事实上是只服务于操纵者的规则。

结婚时，赫克托（Hector）和妻子艾希莉（Ashley）曾宣誓“要永远以对方为先”。之后，无论何时，只要艾希莉想为自己做点什么，赫克托就提醒她这条誓言。艾希莉指责他过于自私，他却不以为然。

在操纵者制定的规则中，有一条十分常见，即“顺从性需求”。操纵者或许会要求伴侣随时随地以他期望的方式满足自己的性需求。这个要求可能表达得很明确，比如“无论你喜不喜欢，我每天都要和你性交，你最好乖乖配合”。在一场婚内强暴案中，男性曾对伴侣明确表示，她没有说“不”的权力。受害者知道，对性说“不”只会让自己陷入数小时或数天的敌对中，这是不值得的。她学会用性取悦伴侣，让他平静下来，甚至帮助他入睡，这样他就不会打扰自己了。

跟踪：像一条看不见的锁链，牢牢锁住对方

跟踪包括针对特定对象进行追踪的一系列行为，目的是让那个人感到恐惧。通常，我们认为跟踪只发生在电影

明星和狂热的粉丝之间，但事实上，亲密关系中的跟踪行为并不在少数，甚至这段关系已结束，跟踪行为还会继续。

操纵者通常会监视伴侣的行踪、电脑、邮件、日记和电话，可能会搜查她的手机、钱包、口袋、抽屉和汽车，时刻记录她的时间表和资金流水。他可能会强迫伴侣定期通过电话、短信或手机上的照片“签到”，可能每隔 15 分钟就问她在做什么，或者告诉她每小时都需要做些什么。有时候，未经操纵者许可，女性甚至连上厕所都不能关门。

女性可能需要在家待上一整天，虽然感到压抑，但她知道丈夫会不定期打电话来，如果自己没有及时回应，他就会大发雷霆。操纵者会经常在一天中多次给伴侣发信息或打电话，并要求对方立刻回复。

有时候，操纵者可能向伴侣宣称自己无时无刻不在监视着她。可怕的是，在现代科技的影响下，这真的实现了。

锡德（Sid）在妻子玛尔塔（Marta）的手机上安装了 GPS，以便监测她的位置。他还开发了一个软件，能够在电脑上查看妻子所有来电者的电话号码和通话时长。玛尔塔怀疑锡德偷看了自己的电子邮件，便和他对质。锡德声泪俱下，坦言自己偷看了她所有的邮件，然后反过来质问玛尔塔那些令他困扰的邮件是怎么回事。玛尔塔一一解释，耐心地安慰他。事后，锡德承诺再也不偷看她的邮件了，还大动干戈地当着她的面卸载了监控软件。但这只是表象而已，偷看邮件的行为并未停止。事实上，锡德还安装了一个按键记录器，不但可以追踪她的邮件，还可以检测她在电脑上敲击的每一个按键。由此，锡德获得了玛尔塔的各种密码，可以偷看她的每一封邮件、每一条聊天信息和在社交媒体上的每一条动态。

以这种方式跟踪他人无疑需要花费很多精力、时间和金钱。有些操纵者每天可以花大量的时间跟踪伴侣，追踪她们在网络上的一举一动。

操纵者还可能迫使伴侣记录自己每天的生活，会细细询问她与外界的任何联络，直到她认为待在家里过一种被贬低的生活反而“更容易”。有时，这种孤立和操纵会被冠以好意之名，比如，“我希望你记录自己生活的一切，这样我就可以帮助你更好地规划时间”。

在这种监控之下，女性会认为普通的社交都带有一定的风险。受害者总是疑惑：“他会反对吗？会误会吗？我要怎么解释？会不会发生令他担忧的事？”长此以往，受害者变得越来越焦虑，犹如惊弓之鸟，而在过去，这些都是不会发生的。

某些形式的监控可以构成犯罪，是非法的，尤其当它们变成一种令人恐惧的行为时。跟踪就像一条看不见的锁链，将跟踪者和受害者牢牢锁住。

虐待：身体暴力会给对方带来身心创伤

有时候，女性并不确定自己所遭受的伤害属于身体虐待或性虐待。操纵者可能经常通过恐吓来施加虐待，这样就不会留下淤青。他可能把她逼到角落里，揪住她的头发，抓住她的手腕，扔东西，用不大不小的力气掐她的脖子。女性也许感受到了威胁，却没有意识到自己已经成为暴力的受害者。需要强调的是，无论是否留下伤痕，这些都属于暴力行为。

那么，身体暴力和情感操纵有什么关系呢？前者属于后者的一种手段。并非所有的情感操纵都存在身体暴力，也并非所有出现身体暴力的亲密关系都是情感操纵。如果一个被操纵的女性受到了身体上的伤害，尤其当身体上有可见的淤青时，外人就很可能视她为受害者。但是我们要知道，非物理性的操纵给人造成的伤害可能更大。

夫妻间的身体暴力并不总是一样的，其中的区别非常关键。有些夫妻在争吵时会发生肢体冲突，这种冲突双方都有可能主动发起。男性通常容易在冲突中给女性造成更严重的伤害，因为一般来说他们的体格强壮。这种冲突被称为夫妻争执（couple fights），经常在酒后或争吵时发生，而且不存在操纵行为。警方和其他搜证的专业人员需要单独询问双方，提出关键的问题，才能断定这到底是夫妻争执还是情感操纵。

第二类冲突有所不同。男性不但会操纵女性，还会施加身体虐待或性虐待。在一个既有暴力又有情感操纵的夫妻案例中，男性的暴力行为主要由其支配对方的愿望所激发，他利用暴力迫使伴侣改变自己的行为。

同居的第一年，丹妮特（Danette）告诉卡尔（Carl）自己并不快乐，想要结束这段恋情。卡尔的脸色一下子变了，狠狠地扇了她一记耳光，丹妮特的眼睛也就此受了伤。虽然事后卡尔道了歉，给丹妮特拿了冰块，又亲吻了她。但之后，卡尔扔掉了家里的避孕套，坚持要求在没有避孕套的情况下进行性行为，丹妮特照办了。卡尔开始更加小心地监视丹妮特，处处限制她的活动。如今，他们已育有三个孩子，虽然卡尔再也没有像之前那样伤害过丹妮特的身体，但偶尔还是会狠狠地抓住她推她一下。多年以后，丹妮特终于明白，自己一直处于一种暴力关系中，操纵和威胁每天都在影响着自己的生活。她担心再次提出分手的话，卡尔的暴力将会升级。

有的操纵者会施加持续的低强度暴力，经常拍、打、抓、拉扯、推搡他们的伴侣。操纵者可能一大早就将伴侣从床上推开，在下午猛地摔门，或在晚餐时一个不高兴就用胳膊肘顶她，在夜间粗暴地与她发生性行为。有些操纵者只在清醒时施加暴力，而有些会在酒后或情绪高涨时施加。

对情感操纵中的暴力行为的反击称作暴力反抗（violent resistance），这是第三种类型。在攻击过程时，受害者可能抓、咬、踢或拿起武器自卫，或在被操纵者逼到角落时予以回击，如果操纵者的行为让她感觉自己处在极端的危险之中，她甚至可能杀了对方。

亲密关系中身体暴力的三种类型

夫妻争执	**情感操纵中的暴力行为**	**暴力反抗（对情感操纵的反抗）**
动机：在冲突获胜	动机：完全的操纵	动机：自卫或报复
⇓	⇓	⇓
男女双方都可能主动发起。男性通常容易给女性造成伤害，因为一般来说他们体格强壮。	多由男性主动发起，暴力行为可轻可重，频率可高可低，暴力和威吓是为了巩固对女性的操纵。	几乎都由女性发起，用以反抗男性对自己的操纵和暴力行为。

人们很难看出非身体的操纵行为。警方、法院、治疗师，甚至朋友、亲人和邻居都可能只关注可见的身体伤害，却忽略了其他形式的操纵。如果警方介入，法律就更倾向于将案件判定为人身攻击，而非家庭暴力。

要想评估家庭暴力的情况，警方有必要了解情感操纵和暴力的区别，并作针对性的询问。当警方接到报警电话赶到现场，发现男性的脸被抓花，抱怨妻子“简直疯了”的时候，警方就有可能将夫妻双方共同带回警察局。如果警方将夫妻二人分开审问，就不难发现，丈夫每天都会追踪妻子的一举一动，好像她是一个囚犯，当妻子抓花丈夫的脸时，丈夫正在掐妻子的脖子。

如果受害女性使用暴力反抗来逃避操纵和虐待，例如，在丈夫熟睡时杀了他，她可能被判对此负全部责任，因为警方没有看见她是因被恐吓才杀人的，她的攻击并不属于自卫的范畴。在西方国家，律师和立法者都在努力改变这些关于夫妻暴力的不公平法律，太多的法律忽略了持续的低强度暴力所带来的压力，还有持续的威胁、孤立和跟踪。

身体暴力或非身体暴力的形式，不但会损伤受害者的身体，还能击溃她们的意志。长期生活在恐惧中会让受害女性深受疾病的折磨，比如心脏病、头痛、失眠和食欲减退。因此，客观来说，情感操纵的每一种形式都存在一定的影响，而且所有形式的身体暴力都会影响女性的情绪和思维。

身体暴力和情感操纵是相辅相成的。即便是轻微的身体暴力，也会让情感操纵变得更容易，而辱骂和恐吓带来的负面影响，使女性变得更为恐惧。在某些案例中，操纵者会通过偶尔的拍打和推搡来操纵伴侣，而并未使用严重的身体暴力。

在性行为中，暴力和安全的界定更模糊不清。如果一个男性太用力地靠在女性的胳膊上，或者太唐突地把自己塞进她的怀里，或者以一种她不喜欢的方式打她，女性可能并不确定这是否属于暴力。需要指出的是，只要男性对女性的拒绝无动于衷，那么这个女性就可以被称为是暴力的受害者（这与女性主动享受或要求进行服从 / 支配的性游戏是不一样的。如果这在双方都同意的情况下进行，那么女性就有说“不”的权力，男性也会就此停止）。如果男性无视伴侣的拒绝，或者以她不愿意的方式性交，或者故意把她灌醉，强迫她做她不愿意做的事，那么这个男性就是在性行为上伤害了她。通常情况下，如果在性交过程中发生令人痛苦的行为，女性虽然会对伴侣表示怀疑，但只把它定义为过于热情，而不会定义为暴力。通过这种方式，女性放弃了反抗，让这段关系继续下去。

威胁：我不好过，我也不让你好过

操纵者有时通过威胁来操纵伴侣的行为。有时候，威胁是公开的。操纵者可能威胁要伤害或杀了伴侣，杀了她关心的人或宠物，或者作出自杀的姿势。危及生命的威胁显示了操纵者在极端情况下的杀伤力。有的操纵者则威胁要毁掉伴侣的名誉，把她送进精神病院，破坏她的工作，偷她的钱财，或者毁掉她所拥有的一切。

通常，威胁是以身体而非言语的形式表达的，操纵者可能猛击墙壁、摔门、来回跺脚、对宠物拳打脚踢，以此使周围的人顺从自己或在恐惧中退缩。从女性手中抢过手机或夺走她怀中的孩子也属于明显的威胁，即便这些行为没有造成身体伤害，却依然能引起强烈的恐惧气氛。

操纵者还可能通过危险驾车来威胁伴侣，撕毁她的信件、损坏汽车轮胎或家具、拆掉汽车上的必备零件、打碎窗户或者扔掉女性的避孕药。他们还可能发出只有伴侣能看懂的威胁信号，例如将她用过的皮带放在餐桌上，暗示要打她，或者给她发送表明自己正在跟踪她的照片。操纵者还可能掀翻桌子、打翻饮料、摔碎盘子、堵住出口。以下是一个极端的案例，为了让伴侣留下，操纵者威胁让伴侣失去属于自己的所有财产。

> 在治疗师的帮助下，黛比（Debby）让埃德加（Edgar）暂时搬出去住，这样他们就能重新评估他们的关系。埃德加同意了，但在治疗结束回家的路上，他告诉黛比，她会后悔的。那天晚上，他收拾好行李箱，搬去了他母亲家。第二天，黛比下班回家时，在车道上发现许多碎玻璃。和孩子走进房子时，黛比发现所有的水龙头都没关，而水槽和浴缸的出水口都被堵住了，水漫得到处都是。黛比不知所措，最后打电话向埃德加求助。埃德加清理掉碎玻璃，教黛比如何向保险

公司撒谎，这样他们就能获得赔偿。黛比知道向保险公司撒谎属于犯罪，却别无选择。在这之后，埃德加就抓住了黛比的这个把柄，常以此威胁她说："我会告发你，我们俩都会进监狱，但我不在乎。"黛比非常害怕，被迫停止了夫妻治疗，并在之后的许多年都屈从于埃德加。有时候，她甚至想去死。

在某些案例中，操纵者停止了服用某些必要的精神药物，或拒绝戒酒和戒药，女性知道这是为了威胁她。他暂停治疗，是为了宣布"我很快就能脱离管制"。

惩罚：我不满意，你就要承担后果

操纵者惩罚的方式与威胁十分相似。当他们认为伴侣令自己不悦时，就试图惩罚伴侣。例如，如果操纵者觉得伴侣花了太多时间和他人聊天，就可能夺走她的手机，扇她耳光，或强迫她整个周末待在家中；如果伴侣将食物烧焦了，操纵者可能会把她的手放在火上烤；如果操纵者觉得伴侣经常唠叨，他可能会故意把家里弄得更乱。本书讨论的其他操纵手段也会被当作惩罚的方式，如身体虐待。

操纵者有时使用武器威胁和惩罚他们的伴侣，常见的武器有操纵者的身体部位，如手、拳头、膝盖、脚等，有的则是操纵者随手可抓起的东西，如皮鞭、剪刀、啤酒瓶、手机充电线或锤子。一些操纵者有专门用来威胁和惩罚伴侣的武器，如鞭子或船桨，还有的操纵者会口头恐吓他们的伴侣，扬言要“撞死她”，或者将她扔出疾驰的车外，把她丢在半路上。更有操纵者将汽车本身作为威胁的工具，例如，开车将伴侣逼在角落，或急速朝伴侣开过去，再急刹车，然后嘲笑她惊慌失措的样子。

由于居住地和文化背景的不同，操纵者用来威胁和伤害亲密伴侣的武器也有所变化。在农村地区，人们可以很容易地获得农具、牛粪和农药，而在城市地区，人们更容易获得弹簧刀。一个农民可能用镰刀吓唬伴侣，而一个商业高管则更可能使用电脑充电线。在某些地区，一些操纵者会把硫酸或沸水泼在女性身上，甚至用汽油泼她们，然后点火。

操控：剥夺对方自由选择的一切权利

操控是指一个人通过卑鄙或具有欺骗性的手段来改变另一个人的观点或行为，并对受害者施加一种无形的力量。操纵者将自己的快乐建立在他人的痛苦之上，因此操控属于剥削的一种形式。当操纵者选择操控他的伴侣，而不是简单直接地将自己的心意告知对方时，他就剥夺了对方自由选择的权利。本部分探讨了操控的各种形式，包括说谎、沉默、煤气灯操纵和专业优势凌驾于伴侣之上。

说谎

说谎和隐瞒部分事实的做法强化了情感操纵的影响。有时，操纵者出于不安而撒谎——让自己在很多方面看起来比实际更有成就。有些操纵者说谎是为了吓唬自己的伴侣：他们吹嘘自己的体力有多强，吹嘘自己的社交关系或过去的暴力史；或者他们说谎是为了隐藏自己满目疮痍的过去，包括酗酒、吸毒、赌博、斗殴、花天酒地和挥霍无度。他们通过说谎给自己塑造一个特定的形象，满口胡言地编造自己的恋爱史、童年经历和工作情况。他们隐藏了自己极强的操纵欲，否认自己曾经的所作所为。他们到处散布谣言，挑拨伴侣和朋友、家人之间的关系。

操纵者还会通过将自己友善的行为合理化，或者拒绝回答问题，又或者提供没有意义的解释来操控伴侣。操纵者还常常将自己的行为归咎于伴侣。举例来说，一个沉溺于酒精无法自拔的男性会责怪自己的女朋友喝得太多，或者一个性侵儿童的男性会将自己的罪行归咎于妻子，因为她没有满足自己。

有时候，操纵者精心编造谎言来掩盖自己的双重生活。

在一次聚会上，82岁的奥尔多（Aldo）遇见了70岁的萨曼塔（Samantha）。萨曼塔已经离婚30年了，她很高兴自己还能再遇到真爱。他们不想在这个年龄浪费任何时间，很快便结了婚。之后，奥尔多建议萨曼塔从自己住的大房子里搬到她用自己的积蓄买的小公寓里。结婚三年后的一天，萨曼塔在洗衣服时，无意间发现奥尔多的皮夹里有个信封，信是他们所住小镇的邮局送来的，收件人也叫奥尔多，姓却不一样。萨曼塔上网查过才发现，自己的丈夫改了姓，在意大利还拥有一个家庭，他和那里的妻子生活了50多年，儿孙满堂。这下，她终于明白奥尔多每次去意大利旅行并不只是去看望他的兄弟姐妹了。萨曼塔在计划离婚时咨询了律师和警察，因为奥尔多拥有两副面孔，萨曼塔甚至都不确定他还会作出什么。她意识到自己一点也不了解奥尔多，她讨厌与他共同度过的这些年。结束这段婚姻时，萨曼塔已经失去了自己的大部分积蓄，包括她的房产。她还发现，分手后，奥尔多用同样的手段在勾引其他女人。

上面的欺诈属于犯罪行为。操纵者利用亲密关系侵占伴侣的财产，向其隐瞒真实信息，干扰其作出决定，因此也属于情感操纵。

当然，情感操纵中的受害女性也可能撒谎，有时是操纵者逼迫她这样做。例如，操纵者可能要求伴侣告诉她的父母自己身体不适，不能去看望他们。更多时候，女性则是为了保护自己免受生理和心理上的虐待而撒谎，这与为了操纵对方而说谎是截然不同的。

沉默

操纵者有时候通过不按正常预期的行事方式来操控伴侣。例如，操纵者可能很长一段时间拒绝倾听、交谈或回应伴侣，我们称之为沉默以待（Silent Treatment）。他可能长达数小时、数天甚至数周拒绝和伴侣说话、忽略她的存在。这种沉默方式还可作为一种惩罚的手段，这让女性觉得自己像幽灵，没有存在感。要注意，忽视伴侣的存在并不代表操纵者缺乏沟通能力，这反而是一种很强势的权力沟通。

萨拉娃（Zaraiva）不知道自己的丈夫胡安（Juan）为什么不愿意和自己说话，这已经不是第一次了，早在他们在墨西哥约会时，胡安就曾这样对她。胡安觉得萨拉娃和她堂兄跳舞时看起来太开心了，他就从舞会上不辞而别。在此之前，他们俩几乎每天都要打电话和见面，但此事发生后的一周，胡安一直不接萨拉娃的电话。最后，萨拉娃出现在胡安的家里，胡安被父母逼迫才和她说了话。他们散步时，胡安对萨拉娃的眼泪冷眼相待，他告诉萨拉娃，如果她对这段感情是认真的，就再也不要和其他人跳舞，他还说自己厌倦了“鬼混”，希望她通过与他发生关系来证明她的承诺是认真的。虽然当时萨拉娃还是处女，却还是答应了。很快，她就怀孕了。

多年来，萨拉娃已经学会了如何应付胡安残忍的沉默，她继续为他准备一日三餐、洗衣服、叠衣服，即便他的沉默已经持续了数小时、数天或数周。沉默通常以胡安在夜晚粗鲁地抓住萨拉娃做爱而结束。第二天早上，胡安表现得像这一切都没有发生过，并且拒绝谈论这件事。

对于被操纵、被孤立的女性来说，被忽视是非常痛苦的，因为她们将安全感和价值感建立在操纵者的认可之上。许多女性宁愿忍受侮辱和大喊大叫，也不愿承受无边的沉默，因为当操纵者大喊大叫时，女性至少知道他们在想什么，能评估自己和孩子的安全，但面对如石头一般冰冷的沉默，女性常常觉得绝望无力。

还有一些操纵者通过压抑自己的情感来惩罚对方。

婚后的两年里，佩琦（Peggy）的丈夫柯克（Kirk）每晚都会向她提出性要求。对柯克来说，性与其说是爱的表现，不如说是他助眠的一种手段，这让佩琦很不舒服。可是，如果柯克心情不好，就会离妻子远远的，甚至当着她的面自慰。如果佩琦试图触碰他，就会被他一把推开。这是柯克对妻子的惩罚。柯克的刻意疏远令妻子感到害怕，佩琦知道这是丈夫愤怒的表现，他像炸弹一样，不知何时就会爆炸。

有的操纵者会突然不告而别，玩起失踪的把戏。例如，在晚餐前突然消失，或没有按计划去接孩子，留下一家人为他担心。他的消失可能持续 1 天、1 周或 1 个月，再出现时，他就当什么也没发生过，还责怪妻子因自己的突然失踪而生气。有的操纵者还会在争吵中摔门而去，谁也不知他去了哪里、什么时候回来。

诚然，夫妻相处中，总有不想说话、不想做家务，或者没有性致的时候，这与情感操纵中的刻意疏离是截然不同的。首先，后者的压抑程度更深；其次，压抑只是后者施以操控的手段之一；最后，也是最重要的，后者压抑的目的是为了威胁和惩罚自己的伴侣。

煤气灯操纵

有的操纵者会在心理上操纵伴侣，让伴侣怀疑自己的记忆和知觉，甚至怀疑自己的精神是否正常，这种做法称为煤气灯操纵（Gaslighting）。这个词来源于1994年上映的电影《煤气灯下》（*Gaslight*），丈夫利用煤气灯的忽明忽暗让妻子以为自己的精神出了问题，还偷偷将东西藏起来，说是妻子将它们放错了地方，并以妻子的身体太虚弱、需要好好调养为由，迫使她拒绝所有的社交活动。操纵者通过各种手段，让伴侣不断对自己产生质疑，以此更牢固地操纵对方。

相比之下，思维游戏的范围就更广一些，除了做些将伴侣刚刚关上的壁炉再次打开的小把戏，还有很多更为复杂的操作。

> 贾斯汀（Justin）将妻子的钱包和钥匙藏了起来，然后过段时间又重新摆了出来，或者偷偷拿掉她的一些药片，说妻子服药过多；或者趁妻子不在家时，移动家具的位置，藏了她的手机，然后否认是自己做了这一切。贾斯汀向朋友抱怨妻子已经失去了理智，更可怕的是，他成功地让妻子产生了自我怀疑。

还有的操纵者利用现代科技让妻子怀疑自己的精神是否正常。

> 格雷（Greg）偷偷在女友桑德拉（Sandra）的电脑上安装了间谍软件来偷看她的每一封邮件。格雷总能说出桑德拉邮件中写过的话，这让桑德拉觉得非常神奇。一次，她写信给自己的妹妹，

说她和格雷的生活“甜蜜而亲昵”，没过多久，格雷用相同的词汇形容他们的关系。她问这是否是巧合，格雷说这都是因为自己太了解她，所以能读懂她的心。桑德拉知道这不可能，却禁不住也这样想。从那以后，每当格雷在场，桑德拉就故意“清空”自己的意识，可依然没用。她告诉朋友，格雷好像在自己的大脑里装了电子芯片，她的思想被格雷入侵了。桑德拉没有发现格雷“超能力”背后的真相，只是因为他监控了自己的电脑而已。

在人前，操纵者显得那么迷人、体贴入微、情意绵绵，可是，当只剩下他和伴侣两人时，他就会露出残酷的真面目。极大的反差让伴侣感到迷惑，她不敢找朋友诉苦，因为没人会相信她，甚至久而久之，连自己也不再相信自己了。

有时，操纵者还会“公开”威胁伴侣。只不过，在他人眼中，这都是爱的表达，只有伴侣自己知道这是一种威胁。

每当男友特雷（Trey）在公共场合说出“等我们到家后”时，只有萨沃纳（Shavonda）知道，特雷又要打她了。当朋友和家人在场时，特雷会让萨沃纳坐在自己的腿上，并时不时掐她一下，或者在她耳边低语。没有他的允许，萨沃纳不准站起来。在外人看来，这些都是十分亲昵的举动，只有萨沃纳知道这意味着什么，她认为自己有责任维持双方的表面形象。

专业优势

有的操纵者会利用自己的专业优势来操纵对方。例如，如果操纵者的职业是律师，他就会选择“合适”的操纵方式来逃避法律的制裁。同样的，如果操纵者的职业是警察，他就有更多方法折磨伴侣。他们在恐吓、审讯和监听方面受过的专业训练，以及与司法系统内的工作人员的交往，他们更容易获取武器、更懂法律知识。如果他们试图更大强度地操纵伴侣，这些特殊优势常让伴侣相信寻求帮助是徒劳的。如此，他们能将伴侣牢牢地玩弄于股掌之间。

如果操纵者在某一领域极具权威，则更容易对伴侣施加操纵，他们可以利用自己工作方面的资源寻找潜在的受害者。例如，离婚律师可以故意接近处于婚姻危机中的女性客户，利用金钱和性诱惑对方，直到他们找到下一个目标；艺术系老师可以利用学生对赞美的渴望和对自己的崇拜，对学生进行性剥削；医院里的高管可以要求下属和自己约会，然后在分手后解雇对方；宠物驯养师可以找自己的学生做女友，利用行为技巧操纵她们……指挥官、表演家、老板和监管人员都可能利用自己的职权来操纵下属，并对其进行性侵犯。我的重点不是操纵者和受害者有可能在职场中相遇，而是操纵者会利用专业技能和职业的便利，与他人建立不平等的关系。显然，这样的关系是十分便于进一步施加情感操纵的。

社工专业的学生珍娜（Jenna）在精神病学家弗兰克（Frank）管理的机构实习，二人相识并结婚。珍娜十分仰慕丈夫的智慧和地位。第二个孩子出生后，弗兰克就让珍娜减肥，强迫她服用安非他命（一种兴奋剂）。在药物的作用下，珍娜的确变得苗条起来，照顾孩子时也精力充沛。可渐渐的，珍娜发现自己对药物产生了依赖，夜晚必须靠服用安眠药才能使自己平静下来。服用药物分明是弗兰克的主意，现在，他却讥讽珍娜对药物产生了依赖，并让她在没有药物的情况下度过了一段痛苦的日子，时不时说她“需要证明她能行”。他的真实目的是让珍娜失去生活的平衡。

珍娜感觉越来越迷糊，经常需要在白天小憩，以弥补夜间的睡眠不足，弗兰克控诉珍娜没有尽到妻子和母亲的责任，并无视妻子的解释。即使珍娜已经对药物的副作用怨声载道了，弗兰克还是经常调整珍娜的药方，说这是在治疗她的“焦虑”和“抑郁”。珍娜过去从没有健康问题的困扰，如今却觉得自己异常虚弱，甚至丧失了理智，无法掌控自己的人生。离开了丈夫，珍娜觉得自己一无是处。毋庸置疑，弗兰克的行为是不道德的。

不少整形外科医生还会对伴侣进行外形管理，通过手术改变其容貌，似乎伴侣只是他的试验品。类似的行为也会出现在文身师身上——他们会在伴侣身上文身、打孔和烙印。女性有权选择是否在自己的身体上做这些标记，然而，这种身体的标记有时只是男性操纵手段的一部分，能使女性变得更讨厌自己、胆小、失去自尊。

> 拉蒙纳（Ramona）第一次文身时才17岁，给她文身的是28岁的泰勒（Tyler）。之后的6个月，她每天泡在文身店里接听电话、登记预约，身上遍布着各种文身和穿孔。晚上，拉蒙纳就睡在店里的一张文身桌上。高中毕业前的几个月，她辍学了，在泰勒的引诱下开始吸毒，拉蒙纳觉得毒品为自己打开了神秘而迷人的世界。她和泰勒是性伴侣（尽管泰勒每晚都要回到妻儿身边），她十分享受泰勒对自己的渴望。泰勒每天都要在拉蒙纳身上“工作”，在她的唇部、面颊、眉毛和乳头穿孔，在她的皮下安装有纹理的金属，使她看上去像是长了鳞片的怪物。短短的时间里，泰勒就在这个年轻的身体上做了他可以做的任何事。

不仅如此，为了寻求极端的体验，拉蒙纳允许泰勒在自己身上穿孔挂钩。泰勒说这是生活的一种方式，说自己是拉蒙纳的导师，如果她能“关闭自己的理智”，随着时间的推移，她将获得更好的体验。

再次见到家人和朋友时，拉蒙纳已变得面目全非，除了外貌的改变，拉蒙纳显得急躁、忧郁、下流、过度亢奋。一天晚上，拉蒙纳的母亲带着她的家人出现在文身店里，劝拉蒙纳和自己回家，并警告泰勒，如果他再纠缠自己的女儿，她就正式起诉他。之后，拉蒙纳在精神强化治疗的帮助下才明白自己身上都发生了什么。这个案例中，泰勒就是利用自己的职业便利操纵了这个未成年少女。

当然，许多专业人员都具备清晰的道德准则，绝不会和下属、学生、病人、实习生或客户发展亲密关系。可总有人会打破这些，有的专业人员甚至没有道德准则，或准则不明确。如果这种关系不被及时制止，那么就很容易演变成情感操纵。如果读者想了解操纵关系，就必须考虑操纵者的专业、技能和地位是否为他操纵伴侣提供了便利。在这些具有专业能力的人的操纵之下，受害者是很难寻求帮助的。

如果操纵者是心理治疗师、律师、医生或警察，那么受害者的求助将难上加难。受害者可以向其他地区的社区团体或附近的反家暴机构寻求帮助，机构的工作人员将为她引荐此领域的专业人员。当然，还有其他求助的渠道。例如，若女性被作为心理咨询师的丈夫操纵而不再相信其他治疗师，那么她可以向同伴求助，或跟着网上的自助材料学习。

贬低：通过伤害对方自尊建立优越感

通过贬低，操纵者拥有了对伴侣的所有权，并不断伤害伴侣的自尊，建立优越感。操纵者把自己的快乐凌驾于伴侣的痛苦之上，把自己的力量建立在伴侣的脆弱之上。在操纵者看来，这么做完全是合理的，因为伴侣不值得被友善地对待。如果操纵者觉得自己不够好，或在某方面自己不如伴侣优秀，那么他就会通过贬低把对方拖入谷底。

羞辱

羞辱行为的出现不代表夫妻间一定存在情感操纵，因为有的羞辱只不过是因一方较为粗鲁罢了。与一般的羞辱相比，情感操纵中的羞辱更极端、更频繁，受害者常因此觉得自己的存在只会给他人制造麻烦，自己不值得被爱，甚至感激操纵者愿意忍受自己。她们太孤独了，面对对方的羞辱时，她们感到手足无措、无处逃脱。除此之外，操纵者还严禁伴侣在网络上与他人接触，因为这可能会帮助伴侣认清现实。

在情感操纵的关系中，操纵者的需求永远是最重要的，伴侣的需要则被最小化、被否决或被忽视。在家中，男性是绝对的“领导者”，一切规则由他制定，伴侣只能被迫遵守。家中一切大大小小的决策全由操纵者完成，如果伴侣胆敢私自作出决定——哪怕仅仅是为家中购置一个小物件，操纵者也将毫不留情地嘲弄她。他永远不需要参考伴侣的意见，如果她反对，就会受到严厉的批评。操纵者还会故意送伴侣她不喜欢的礼物，然后指责伴侣没有感恩戴德。

操纵者试图让受害者相信他比她自己更了解她的需要，

这么做的最终结果是：女性终将无力掌控自己的人生。

克雷格（Craig）常抱怨妻子露丝（Ruth）太忙，劝她好好休息。看书和上网时，克雷格会强迫露丝坐在自己身边，什么也不准做。这样的情况越来越频繁，时间也越来越长。离婚后，露丝曾表示，她觉得自己像克雷格的一条狗，只能待在他的身边。很长一段时间，她都被训练去接受克雷格的所有指令，克雷格解释说自己懂得露丝的喜好，一切都是为了她好。

操纵者有时故意贬低伴侣的长处。比如，如果女性觉得自己长相姣好，操纵者就故意骂她是“丑八怪”；如果她觉得自己厨艺不错，操纵者就批评她厨艺不精，或故意晚点回家，然后责备她做的饭菜已经凉了。还有的操纵者会攻击伴侣的短处。比如，如果女性觉得自己胖，操纵者就喊她“胖奶牛”；如果她因为某事觉得不安，操纵者就骂她“愚蠢”。

贬低行为在公开场合也依旧存在。

> 亚瑟（Arthur）坚持让妻子罗西（Rosie）在公众场合保持沉默，由自己为她点菜和回答他人的问题。散步的时候，亚瑟还会让罗西走到自己的前面，这样就能时刻监视他人是怎样和罗西交流的。

操纵者的羞辱耗尽了伴侣的所有精力，削弱了她的抵抗能力，使她陷入更大的危险中。

性侮辱

很多操纵者会通过性侮辱伴侣。强迫对方与自己发生性交是可耻的，即便出现在婚内，这种行为也属于违法。然而，受害女性常常不忍起诉自己的丈夫、前夫或前男友。不同司法系统处理该类案件的方式也不同，有的方式会令受害者感到羞耻。

自由、平等的关系是不存在性胁迫的，但若女性习惯了勉强自己、顺从对方，那么性胁迫就会悄然出现。操纵者常威胁伴侣，如果拒绝接受特殊方式的性交，她就必须承受十分严厉的惩罚。因此对于女性来说，性胁迫是情感操纵中最常见、最可怕的部分。操纵者甚至会利用自己的力量优势强迫伴侣，这是关系濒临死亡的标志之一。受害者常在很久之后才意识到这种威胁，而在此之前，性胁迫已经变成家常便饭了。

性胁迫的方式有的温和，有的极端，但并不只有身体上的强迫。如果性胁迫的方式是温和的，操纵者可能会强迫伴侣在公共场合穿过于暴露的衣服，虽然这种方式并不极端，但女性不能以自己希望的方式展示自己，这会干扰他人对她的印象，甚至也会影响她对自己的看法。这是一种公开的羞辱。还有的操纵者拒绝在性行为前洗澡，以此来维护自己的支配地位。

性胁迫是一种连续性过程

无胁迫	有胁迫	强制
⇓	⇓	⇓
性行为在双方自愿的前提下展开，双方均感到自由无压力。	性行为存在压迫，一方的拒绝意愿被忽视，或为了“维持和平”而勉强顺从。	未经对方同意，强行进行性行为，包括强奸，在对方醉酒等不清醒时进行性行为。

更多情况下，性胁迫十分恶劣。操纵者常提出令女性感到痛苦和羞耻的性交方式。例如，将肛交作为惩罚手段，在性交时使用特殊工具，强迫女性和其他男性、女性、孩子甚至动物性交。总之，操纵者利用一切可能的方式惩罚伴侣，将自己的手指或生殖器当作武器，将伴侣的身体当作靶子。操纵者还可能故意把性病传染给伴侣，强迫她旁观自己和他人性交的过程，勒令对方在公共场所与自己性交，并拍照或录像，再以此相要挟。操纵者无视伴侣的感受，如果她提出异议，操纵者就直呼她的大名。有的操纵者强迫伴侣接受痛苦和令人羞耻的“性检查”，称自己只是在检验她是否和其他男人发生过不正当的关系。

以上所有的行为中，操纵者无不在剥夺女性决定自己何时、以何种方式用性表达自己的权利，这与鼓励伴侣进行更多尝试是截然不同的。如果对方说“按照我说的做，否则就让你尝尝痛苦的滋味”，这就是情感操纵。操纵者用性羞辱伴侣，是为了更完全地支配和操纵对方。因为对操纵者而言，贬低和强迫伴侣能够带给他们一些额外的刺激，其他的操纵者则简单地认为自己有权这么做。

极端羞辱

操纵者还会故意干扰伴侣的身体机能，如操纵伴侣如厕、睡觉、进食、饮水甚至移动。有的操纵者每天让伴侣称体重，操纵她们的饮食，强迫她们按照特殊的菜单进食，或者强行给伴侣服用泻药或灌肠；有的故意弄脏伴侣的食物，强迫她们食用已经变质的东西；还有的会讽刺伴侣长得很丑，劝说她们接受整形手术，例如隆胸。

概括地说，有的操纵者强迫伴侣通过锻炼、服用减肥食谱或穿某件衣服，使伴侣看上去更迷人，而有的则想尽办法让伴侣看起来更糟糕。

> 查理（Charlie）规定妻子每周只能洗一次澡，然后奚落她身上有股怪味，令他觉得恶心。

> 道格（Doug）勒令妻子艾比（Abby）必须连续几周穿同一件运动服，以此来惩罚她。他们的关系恶化后，道格在用餐时会给艾比盛很多食物，逼迫她吃完才能离开。艾比变胖后，道格羞辱她是“大肥猪”。

> 罗德里戈（Rodrigo）醉酒后，不止一次地为妻子剪头发，还故意剪得又丑又乱。如果他觉得妻子和男邻居说了太久的话，就会剃光她的眉毛，给她点教训。

有的操纵者喜欢在伴侣的身体上留下印记，以此来宣示他对伴侣的所有权，或者让她们更厌恶自己，操纵者会咬伤、烫伤、割伤对方，故意留下淤青，或在她们身上文身。更加暴力的操纵者会打掉伴侣的牙齿，或者毁掉她们的脸。

更有操纵者会将伴侣当作牲畜，强迫她们用狗盆吃饭、吃狗粮、戴项圈、禁止说话，强迫她们在地板上休息，这些极端表现预示着这段关系的危险性越来越高。更重要的是，即便是常见的、较轻的羞辱也足够让受害者的生活变得更艰难。

孩子：永远是母亲被操纵的软肋

无论操纵者是孩子的生父还是养父，或是孩子母亲的男朋友，他的存在对家里的孩子都是非常危险的。如果操纵者有暴力倾向，他可能直接殴打孩子，或在殴打伴侣的时候对她的孩子进行情感和肢体的伤害，甚至逼迫孩子去打母亲。有时候，操纵者还会设计让女性伤害自己的孩子。看到母亲被殴打，孩子经常挺身而出，尤其是男孩，但结果一般是母子二人都遭殃。只要家庭中存在暴力，孩子的生活必定充斥着创伤、恐惧和不安。

退一步说，即便操纵者没有暴力行为，只要他阻止伴侣保护自己的孩子或为孩子提供更好的资源，这个孩子就处在危险中。比如，如果操纵者剥夺了伴侣接受教育、外出和工作的权利，孩子的境况也一定不会好。

使伴侣远离自己的孩子

对一个母亲来说，只要能见到自己的孩子，和他们说说话，就足以使她变得强大。操纵者不愿承担这样的风险，于是想方设法减少伴侣与孩子或与亲人相处的时间和频率，坚持在母子相处时插上一脚，或强迫伴侣加班，这样她就抽不出空去见孩子了。操纵者还会寻找冠冕堂皇的理由阻止伴侣见孩子，比如说自己身为男人，理应承担接送孩子之类的事情。

操纵者试图在母亲和孩子之间建立一道鸿沟，他们向孩子献媚，设法与孩子成为朋友，或者直接否定和虐待孩子。为了减少母亲和孩子相处的时间，他们欺骗伴侣说“过多的相处对孩子的成长不利”，或强迫伴侣在自己和儿子之间选一个。如果他察觉到伴侣想和自己的孩子待在一起，就故意提出一个二人世界来打乱伴侣的计划。在重重干扰和压力下，一些女性妥协了，而等待她们的是与孩子渐行渐远。

有的操纵者指责伴侣和儿子共处的方式会唤起儿子的性欲望，无论这个男孩是否成年，这种做法都能有效地让伴侣心甘情愿地离孩子远点儿。有的操纵者则与伴侣的女儿调情，不论他们的目的是否是性虐待，这种令人不适的做法也会有效地疏远母女的关系。因此，男性必须注意和伴侣的女儿保持合适的距离。

如果操纵者真的想对孩子施以性虐待，他们就会千方百计地挑拨母亲和孩子间的关系。他们的关系越紧张，操纵者的所作所为就越不易被发现。他们强迫孩子向母亲说谎，以掩盖自己的罪行，长此以往，孩子就会对母亲没能好好保护自己而心生怨恨。

干扰伴侣育儿

操纵者通常会在家中树立绝对的权威，鼓励孩子反抗自己的母亲，以此干扰伴侣对孩子的教育。他们还会巧妙地打破伴侣制定的规则，比如允许孩子做作业前看电视。虽然表面上，操纵者告诉孩子要尊重母亲，却无时无刻不在降低伴侣在家里的威信。有时候，他们故意当着孩子的面直呼伴侣的姓名、严厉地批评伴侣，甚至虐待她们，这样她们的影响力也就自然被弱化了。如果类似的行为被孩子如法炮制，孩子就会彻底脱离了母亲的“操纵”，这让女性感到挫败。最终，孤立无援的女性忍无可忍，只能揍孩子，或对孩子大喊大叫，变成真正的“疯女人”。

操纵者还会把自己的教育观念或人生准则强加给伴侣

和孩子。如果他是继父，这么做就会像急速行驶的车突然打转向一样，让整个家庭都岌岌可危。

被前女友轰出家门后的一周，杰瑞德（Jared）搬进了海伦（Helen）和她女儿的住所。他是在网上看到海伦的租房广告的，几乎刚搬进来他就和海伦确定了恋爱关系，他说自己会通过做家务来抵房租。杰瑞德精心为家里的一切制定了规则，卫生间使用、家务布置，甚至是吃饭时间。看到海伦和她 12 岁的女儿艾瑞拉（Ariela）亲密异常，杰瑞德感到嫉妒，对艾瑞拉处处苛责。海伦不许杰瑞德打女儿，却默许他让女儿回房、逼她做仰卧起坐等惩罚。事实上，海伦感到左右为难，无论她维护谁，另一方都会生气。她感到很无助，直到专业人士建议她为了孩子让杰瑞德搬出去后。杰瑞德搬出去不久，海伦就决定结束这段糟糕的恋情。

和杰瑞德一样，许多操纵者故意挑拨伴侣和孩子间的亲子关系，这样就能同时操纵他们两个，坐收渔翁之利。

利用孩子威胁伴侣

操纵者会利用孩子威胁伴侣。他们拒绝为孩子花钱，不带生病的孩子治病，不为他们买衣服，除非孩子的母亲愿意做些特殊的事来交换。操纵者威胁伴侣会带走她的孩子、伤害她的孩子，或者去儿童保护机构污蔑她。

为了获得相对安全的生存环境，为了满足这个危险却强大的男人，有的孩子学会了逆来顺受，他们常讥讽被羞辱的母亲，或与操纵者联手对抗母亲。除此之外，操纵者还会贿赂、强迫或鼓励孩子监视、羞辱甚至殴打自己的母亲。事实上，孩子也是逼不得已，如果他们为了母亲挺身而出，就将自己置于危险的境地。

如果操纵者和前任育有孩子，操纵者就会利用孩子与伴侣的依恋关系来操纵伴侣。

和特里（Terri）在一起没多久，弗瑞德（Fred）就让特里向他的孩子承诺自己永远不会离开他。虽然特里感觉不太对劲，却因为当着孩子的面不好拒绝，勉强承诺了。随着他们关系的恶化，特里决定离开弗瑞德。她觉得自己愧对孩子，愧对当初的承诺，所以答应每周都去看望他，这大大增加了弗瑞德骚扰自己的机会。最后，特里诚恳地和孩子道了歉，然后和他们两人都断绝了关系。

第二部分

为何存在情感操纵

第3章

为何操纵者大多是男性

有的男性会通过情感操纵来享受获得权力的快感，无论他们的生活是否成功，他们至少能完全掌控自己的伴侣。还有的男性受性别刻板印象的驱使，认为男性更擅长作决定，女性只能顺从。操纵者常说这都是出于爱，以此来自我慰藉。他们能从情感操纵中获得实实在在的利益，如伴侣的金钱，或由伴侣承担所有的家务，自己只需享受安逸的闲暇时光。通过威胁、羞辱、操纵和支配伴侣，他们能持续获益。

性别刻板印象：男性权威、女性服从

从小，女孩就学习如何做一个照顾者，而男孩则更多被他人照顾。即使是在今天，女孩只有会做饭、打扫卫生、照顾兄弟姐妹，将来才能成为善解人意的“贤内助”。相反，男孩却很少被要求做家务活，除非是洗自己用的餐具或扔垃圾。如果他们大发脾气或行为粗鲁、自私，家人总是能为他们找理由，因此男孩也更容易被原谅，毕竟“他们总归是男孩”。

男孩和女孩怀抱着截然不同的期望进入成年期，这预示着他们在亲密关系中的角色也大相径庭——女性需要照顾他人的感受，取悦伴侣，而男性则更多关注自己的需求。夫妻间的情感工作通常由女性负责，她们要以夫妻的整体利益为先，还要确保丈夫和孩子都满意。显然，操纵者施以暴行的时机已相当成熟。

大多数男孩都会被鼓励与他人竞争，他们学习如何战斗、如何击垮对手，然后在胜利后自吹自擂。而女孩则要学会如何与人合作、如何牺牲自我协助他人。这种倾向在游戏中可见一斑——男孩更倾向于选择粗暴有力、有明确胜负之分的游戏，女孩则更常在游戏中辅助他人，例如跳绳、玩拍手或过家家之类的游戏，正如她们一直被教导的那样。儿童通过观察、模仿成人来学习他们的生活方式，如果他们的表现符合成人的期望，就会受到赞扬，否则就会受到处罚。

虽然有些家庭和社区教导孩子们无论男女都要在成家后与伴侣互相尊重、真诚相待，却依然无法抵挡媒体对传统观念的宣扬，这潜移默化地影响着成年男女对亲密关系的期望。男孩被教导未来妻子最主要的职责就是爱他，为他付出自己的一切，而他身为男人，应负责家中的重大决策，引领妻子和整个家庭。女孩则被教导要照顾好自己那无所不知的丈夫。这一切都在暗示男性是绝对的统治者，而女性要忠诚。

步入成年后，有些男性会将这种观念带到工作或运动中。他们发现，自己的伴侣是最容易操纵的，只要他们要求，伴侣就必须满足自己的一切，而且不必再尊重她的自主性，就能成为她生活的中心。

有三方面因素导致男性在亲密关系中更有可能采用情感操纵。第一，他具备支配倾向；第二，他不把伴侣当作独立的、完整的人去尊重；第三，他接受自己操纵者的角色，社会系统也在无形中为操纵者提供有利环境。

操纵者常用自大的、轻蔑的语气命令妻子，好像自己是她的上级。他们从自己的童年经历中学会了这么做，因为父母发怒时就是这样和自己说话的。

同样，如果男孩幼年时被父亲严厉惩罚，成年后就可能同样对待自己的妻儿。父亲扇孩子耳光的行为，就是在暗示一个人在生气和失望时是可以对他人暴力相向的。尽管这并非父亲的本意，却亲自为孩子示范了“男性可以凭借力量优势威胁他人为自己提供更多的便利”。男性完全可以不使用语言和肢体威胁，而改用明智的方式来解决冲突，可惜父亲却没有为儿子作出这种健康的、积极的榜样。受过皮肉之苦的孩子懂得“暴力和威胁可以成为对待家人的方式，甚至可以对待自己所爱的人”，这为他们日后惩罚自己的伴侣埋下了祸根。

有的男孩虽然在父亲操纵和母亲被羞辱的环境下长大，却没有重蹈父亲的覆辙，变得温柔而体贴。可惜这样的例子并不多，更普遍的是男孩长大后“复制”了父亲的行为，因为父亲为自己“完美”示范了如何贬低和殴打女性，再把一切都归为女性咎由自取。

男性的暴力和操纵还常被音乐和影视作品传颂。电视上的真人秀节目使更多人看到玩弄女性的男性。在知名节目《比弗利娇妻》（*The Real Housewives of Beverly Hills*）中，有能力支付女性各种花销的男性被称为完美情人，女性别无他事，只需要担心自己的样貌和购物。无疑，在这种节目中，女性只是一个物品而已。

在新闻杂志上，名人用金钱和暴力操纵女性的新闻频频登上头条。电子游戏中，玩家也可以通过虚拟的男性角色学习如何射击、性侵及折磨和压抑女性角色。

由男性作者创作、供男性阅读的色情文学也在示范男性对女性的最极端的操纵，这显然伤害了真实的女性。而且，色情文学混淆了暴力和性，误导读者认为暴力是性感的，性就是暴力，可以用极端方式操纵女性将最大限度地激发快感。性虐事件中的受害女性常反映操纵者有看色情文学的习惯，有些男性还从色情视频中学会捆绑等折磨女性的方式。

如此一来，男孩对“男人”的定义逐渐扭曲，只会用身体表达自己的不满和愿望，而不是理智地诉说自己的观点和表达自己的情感。不仅如此，许多操纵者虽然生理年龄已经成年，心理却并未成熟。供男孩学习的榜样有很多，生活在同一家庭里的两兄弟可能会成为截然不同的人，哥哥学习愤怒而专横的父亲，弟弟则学习温柔且和善的叔叔或老师。家庭和社会到处都在暗示男性可以操纵女性，对男孩来说，操纵女性成为了永久的、潜在的可能。

社会文化基础：男性占据主导和支配权

直到今天，男性依旧在社会的各个方面占主导地位，在商界、政界、娱乐界、体育界、房地产界、科学界、教育界都占据着重要的位置，这使他们享有比女性更多的优待。男性的薪资普遍比女性高，身体比女性更强壮，且外表对女性更具压迫性。从某个层面来说，男性眼中的世界与女性眼中的截然不同。

某些信仰赋予男性操纵权，他们以此为借口施加操纵，借教条中的“你生而为我服务”来为自己的作为寻找理由。有些女性心甘情愿地服从了，有些极力反抗着，还有些加入到反对教条的组织中。然而，大多数教条都在压抑女性，只有极少数在引领女性追求自由。

此外，网络上的各种社会团体也在倡导男性的权力。有些网友将情感操纵解释为“一种生活方式”，一些网站甚至为男性如何施加操纵提供了详尽的操作方法（虽然强调女性主导地位的网络社群的确存在，但数量极少）。他们轻则提倡肉体惩罚，重则推崇将女性当作奴隶，并用各种歪理支撑自己的信仰，比如曲解教条，吹捧反女权主义，呼吁社会回归原始形态——男性拥有对女性的绝对支配权。

因为太渴望安全的生存环境，女性开始相信，只要顺从男性，就能获得忠诚而幸福的婚姻。然而事实证明，这种想象中的“理想关系”似乎终难逃脱背叛和失望的命运。如果女性选择讨好丈夫而放弃了自己的人生目标，一旦他们的婚姻失败，女性就必定陷入无尽的孤立之中。

如果法律和文化都倡导压抑女性，男性就没有必要通过情感操纵来让女性服从自己，因为家庭和邻里都在帮助自己监视女性，社会也在严格限制女性的一切行为。然而，当男性突然离开闭塞的环境，来到崇尚自由的新国家时，他们原有的地位和力量就受到了威胁，如果他们无法适应新环境的话，就很可能使用情感操纵的各种手段，逼迫妻子和女儿服从自己，当然，也包括身体暴力。

当法律给予男性和女性同等的自由时，男性就期望通过情感操纵来削弱女性的力量。在很多国家，虽然对女性施暴依旧时常发生，却越来越受到人们的抵制。因此，为了掩人耳目，情感操纵就成了男性获得操纵权的首选方法。

操纵者的创伤：操纵不过是对怯懦内心的掩饰

当然，并非所有的男性都自认为比女性强大。事实上，多数操纵者内心充满了无助和恐慌，外在的操纵不过是对自己怯懦内心的掩饰。如果他们在生活中遇到挫败或觉得无力，尤其是他们的挫败感被旁人窥见的时候，操纵者就会试图在伴侣的身上找回力量感。

杰森（Jason）是一名售货员，常被自己当电工的父亲和哥哥取笑，因为和他们相比，自己的双手实在是太白净了。每次家里有什么电器坏了，妻子谢里尔（Sheryl）都会在杰森发现之前修理好它们。因为杰森经常以修理失败告终，这会让杰森觉得自己连修理电器都不会，枉为男人，因此恼羞成怒，向谢里尔大喊大叫，大声羞辱她，这样才能让自己感觉好一点。

操纵者的内心是麻木的，他们需要依赖伴侣体会自己的情感、得到伴侣的支持。当伴侣惹怒自己时，他才能感觉到自己“真实”地存在着。矛盾的是，他们常要把伴侣折磨到哭才肯罢休，但他们还会因为这而惩罚她。他们逼伴侣向自己示弱，但伴侣的懦弱却令他们更加不满，因为这正是他们自己最真实的样子。

有些操纵者表现出心理学中的焦虑依恋（anxious attachments），因担心被挚爱遗弃而惶惶不安，需要伴侣不断向自己保证她们的爱至死不渝。他们总是对伴侣疑神疑鬼，捕捉各种琐碎的证据（有的是事实，有的则纯属想象）证明伴侣已经不爱自己，或者另结新欢。他们像个醋坛子，对伴侣充满占有欲。不幸的是，有时候，正是自己的所作所为才让伴侣渐行渐远。

操纵者的身边不乏酒肉之交，真正的挚友寥寥无几，他们经常感到孤独，因此更加担心伴侣离开自己，常常逼迫伴侣承诺会永远留在自己身边。如果他们发现伴侣有离开的迹象，就会狠狠地惩罚她。他们很难将分手看作是一个独立的人作出的决定，认为只有牢牢操纵伴侣，才能确保她们对自己不离不弃。

个人创伤

部分有创伤经历的男性操纵欲更强、更多疑、更容易发怒。这些特质也许能在某些方面保护他们，却也妨碍了他们与伴侣进行亲密交往。如果操纵者曾在家里、学校、街上经历过暴力，日后就很可能在克制情感冲动上面临困难。每一件事都可能触发他们原始的创伤记忆，他们感到愤怒的已不是当下正在发生的事件。比如，一个被父亲粗暴对待过的男性，长大后很可能会因为被挑战而选择暴力。因为对他来说，愤怒也许很难操纵，但即便如此，他依然可以学习如何操纵它，如果他学会将愤怒调整到适当的程度，就可以避免很多麻烦。

不仅如此，创伤经历还会增加男性依赖酒精、毒品或处方药的概率，这些都可能使他表现得更糟。

第三次军事部署结束后，蒂雷尔（Tyrell）依然紧张不安。前两次军事部署他都觉得好好的，但这次将战友零碎的尸体从爆炸的坦克中拖出来的事情把蒂雷尔逼到了崩溃的边缘。接连数日，蒂雷尔都想到了死。蒂雷尔还受到了巨大冲击，失去了部分听力，背部和颈部因重物压迫也受了伤，但他表现得无比坚强，不想寻求帮助——在他看来，抱怨是软弱的表现。

蒂雷尔几乎一直在抽烟和服用止痛药，退休前他要在军队任职，他说“这很无聊”。和战争的惊险刺激相比，如今的生活了无生趣，家人的关心也显得微不足道。蒂雷尔觉得迷茫和焦虑，他知道自己喝太多酒了。

蒂雷尔试着调整自己的生活。他要求妻子制订严格的时间表，时刻报告自己的地点和行为。虽然知道这不太可能，但蒂雷尔依旧怀疑妻子在自己外出时有外遇。他跟踪妻子，强迫妻子外出时穿着保守，回家后就得换上性感的衣服。蒂雷尔睡觉时经常穿戴得整整齐齐的，还在床下藏了一把枪。每隔几天，蒂雷尔就会对妻子发一次火，有时候还会莫名失踪。妻子觉得自己做什么都是错的，这让她感觉很不安全。

像蒂雷尔这样受过创伤的人，酒精和药物虽然能帮他们缓解创伤带来的痛苦，却也使他们变得更容易发怒、操纵欲更强。想要从创伤中恢复过来要花费很多年，通常需要专业人士的帮助，很多人甚至无法痊愈。如果他对自己的行为坐视不管，就永远无法奢求伴侣同自己共渡难关。只有直面痛苦，才有痊愈的可能。

创伤经历为操纵者的操纵行为奠定了基础，但影响是很局限的。必须澄清的是，操纵者需要为自己的行为负全责，也必须停止操纵和伤害伴侣。一些操纵者在其他场合并不存在暴力和操纵行为，而是他们自己选择要这样对待伴侣。不仅如此，虽然有些操纵行为表面看起来冲动，却无法掩盖其他行为是精心策划的事实。综上所述，操纵者不能将自己的行为完全归咎于创伤经历，而且单一的创伤治疗也不会使情感操纵变少。

幼年时被忽视的孩子长大后很难顾及他人的感受，甚至难以与他人亲密接触。痛苦的经历告诉他，依赖他人是很冒险的行为，所以当他和伴侣日渐亲密时，他就会故意把对方推得远远的。

酒精、药物和精神疾病

滥用酒精和处方药使一些操纵者的举止比其他人更残暴，但这并非是操纵行为存在的根本原因。有的人虽滥用药物，却没有操纵性行为，而有的人有操纵性行为，却没有滥用药物。仅对操纵者进行滥用药物的治疗并不能彻底消除其情感操纵行为。但是，如果操纵者不能战胜药瘾或酒瘾，就不能真正克服情感操纵。总之，同时存在情感操纵和滥用药物的人必须接受综合治疗。

在酒精和药物的作用下，操纵者将更加肆意妄为，他可能通过超速驾驶威胁伴侣，或在酒后和用药后对伴侣声嘶力竭地大叫，还可能比他想象的更用力地扇对方的耳光。

然而，即便事已至此，操纵者依然没有完全失控——他默许了自己所有的行为。

比尔（Bill）把酒藏了好几周了，他知道妻子劳拉（Laurel）不喜欢自己饮酒，他就牢牢地抓住了这个把柄。每当他生气时，就当着劳拉的面，一瓶接一瓶地喝，好像是在挑衅："你倒是阻止我啊！"

喝醉酒后，比尔变得鲁莽和难以捉摸。不是当着孩子的面抓住劳拉，硬要和她跳舞，就是将劳拉推到床上，然后因喝了太多酒难以勃起而恼羞成怒。更多时候，他变得残忍而阴郁，指责劳拉毁了自己的一生，因为她，自己才一无所有。有一次，他打碎了劳拉视若珍宝的餐盘，那是她的父母给她的嫁妆，这让劳拉和孩子非常害怕。如同往常一样，比尔发怒后甩手而去，留下劳拉收拾残局。

比尔一喝酒，劳拉就把孩子送到邻居家避难，时间长了，她发现比尔醉酒后只打碎她的东西，她开始怀疑比尔是清醒的。劳拉还注意到，如果比尔的父母和兄弟在场，比尔就算是喝很多酒也不会失礼，她怀疑比尔喝酒只不过是找个机会向自己撒泼，她甚至意识到比尔有能力戒酒，只是为自己的操纵行为找借口罢了。之后，劳拉去当地的妇女中心求助，想找一种安全的方式来结束这场婚姻。

事实上，习惯宿醉、畏畏缩缩、欲求不满的人通常是十分痛苦的，但所有的“失控”行为并非仅仅是为了发泄，操纵者的真实目的是为了操纵伴侣。

有些操纵者还深受精神疾病的折磨。比如，临床抑郁症患者很暴躁；妄想症患者会将各种情绪通过嫉妒表达出来；强迫症患者需要严格遵守对他人毫无意义的规则；精神病患者可能强迫妻儿将自己害怕的东西藏起来，或想象自己的食物有毒，勒令他人把所有的食物藏起来。

然而，操纵行为和精神疾病并不能混为一谈。对操纵者进行单一的精神治疗也不能停止他们的操纵行为。

许多操纵者并不受精神疾病的困扰。情感操纵真正的罪魁祸首是错误的认知。操纵者只是简单地将操纵行为归咎于满足自己的需求（例如“我想知道她究竟在做什么”），对更加普遍的动机却一无所知。

为什么操纵者不放对方离开这段糟糕的关系

许多人想知道，为什么受害女性不离开操纵者？我将在下一章回答这个问题。有趣的是，人们很少疑惑为什么操纵者愿意待在这种糟糕的关系里，或者为什么他们不转移自己的目标。其实，受害女性经常试图让操纵者搬出去离开自己，哪怕是给自己一点独处的时间，但操纵者像一条比特犬一样咬住不放，不惜毁掉名誉、事业和家庭，忍受长期巨额的离婚诉讼，甚至宁愿蹲监狱，也绝不让伴侣离开。

为什么？

- **依赖伴侣**。操纵者经常高度依赖照顾自己起居和情感的伴侣，伴侣的存在让他们感觉自己是完整的、安全的。他们用绝望之绳牢牢捆住对方，如果这根绳子断了，那自己就只剩下一具空壳。依赖和脆弱令他们恼火又恐惧。“离开了她，我是谁？”如此扪心自问太痛苦了，他们只能千方百计地批评、诋毁伴侣。除此之外，有的操纵者需要依赖伴侣的经济实力来生活，伴侣的离开可能让他们无法立足于社会。

- **对未来的恐惧**。操纵者认为，如果自己拥有长久的婚姻，就能自诩是个好丈夫、好男友、好男人。有些操纵者在职场和其他方面很成功，有的则是个十足的“失败者”。有的操纵者认为离婚有损自己的名誉和个人形象，为了表面的光鲜，他们强行将伴侣留在自己身边。
- **爱情观扭曲**。有些操纵者会把与伴侣共处或和对方待在一起当作是爱的表现。和许多女性一样，他们对爱情有很多浪漫的幻想，比如向往至死不渝的爱情，认为失去爱就意味着毁灭，爱就要不分彼此。错误的爱情观驱使操纵者不顾伴侣的意愿，誓死将爱情进行到底。
- **不知道如何建立平等的关系**。除了伴侣，许多男性还试图操纵孩子、朋友和同事，却对老板言听计从。总之，他们不知道怎样与人建立平等的关系，他们所理解的人际关系不是顺从就是发号施令。在他们看来，分手的决定权在于自己，所以不会“批准”伴侣单方面分开的意愿。他们常说：“只有我说它结束了，它才能真的结束。”

- **因伤害他人而感到愉悦**。女性的哭泣、颤抖、惊慌失措或流血能激发一些操纵者的愉悦感。随着时间的流逝，操纵者常需要加重对伴侣的伤害——殴打、性胁迫或软禁，才能获得与之前相同的愉悦。

当伴侣试图分手时，操纵者可能跟踪或袭击她们。我将在第 7 章进行详细讨论。

第 4 章

为何被操纵者大多是女性

虽然较高的学历，良好的教养、品格、经济条件和某些信仰能帮助女性追求自由，却不能使她们完全避开情感操纵。在意识到操纵者布下的漫天大网之前，她可能早就被这网牢牢地缠住了。操纵者想尽办法缠住她，而女性为了重新掌控自己的人生，已经试过数以万计的方法，包括离开操纵者。

女性皆脆弱：任何女性都有被情感操纵的可能

某些特质会增加女性被操纵的可能性。例如，有健康问题，存在身体、情感和智力缺陷；涉世未深，家庭或文化观念落后；缺乏经济基础或其他必要的生存资源；居无定所，非法移民；经历生活的巨大转变，如从父母家搬出来、刚毕业或正在离婚。

如果女性曾有被操纵的经历，或曾亲眼所见母亲被操纵，那么她们通常很难保护自己。她们很难察觉伴侣的做法已经“越界”，或者认为真正的爱就是伴随着暴力和操纵的。童年被性侵犯的女性如果在成年后再次遭遇性胁迫，也较难坚持主张、保护自己的权益。

出身贫穷、曾目睹母亲在艰苦中挣扎的女性常常期待能找到一个理想伴侣，希望通过取悦对方来使他留在自己身边，对贫穷的恐慌使女性不计个人成本地投入到亲密关系中。

沉迷酒精、娱乐性药物和处方药的女性很难保持头脑的清醒，这使操纵者有了可乘之机。为了更好地施以操纵，操纵者常鼓励伴侣加大药物和酒精的剂量，或尝试些新玩意儿。女性思考得越少，操纵就越容易。同样的，女性失眠对操纵者也很有利。

然而，如果你认为正是这些弱点才使女性成为情感操纵的受害者，那就大错特错了。我们不能责怪受害女性，将责任都推到她们身上，也不能理所当然地认为拥有高学历、自信、富有、无创伤经历的女性就有能力避免情感操纵。一些操纵者专找成功女性，因为她们更具吸引力，具备更多可利用的资源。

> 伊万（Ivan）今年45岁，是个失业的商人。在网络约会平台上，他结识了38岁的朵瑞（Doreen）——一个非常成功的代理，伊万察觉到朵瑞非常渴望结婚生子。约会的第一年里，朵瑞为伊万购置了一套大公寓，还给了他很多钱，让他重振事业。很快，他们有了孩子。但事实上，伊万很少工作，也很少关心朵瑞和儿子。朵瑞因自己比丈夫成功而感到抱歉，为了弥补，朵瑞允许伊万对自己颐指气使。伊万变得尖酸刻薄，常在感情上贬低朵瑞，无论妻子给自己多少钱，伊万都不满足，这个

男人显然已经不再是朵瑞当初认识的那个人了。当朵瑞提出分手时，伊万威胁她要夺走儿子的抚养权，为了安抚伊万，朵瑞答应支付他一大笔钱，直到儿子18岁。

成功而聪慧的女性尤其期望拥有良好的亲密关系。不同的是，她们习惯分析问题，失败和困境令她们很不舒服，所以这些女性一直在积极地尝试去解决问题。

综上所述，任何女性都有被情感操纵的可能，拥有较少资源的女性则更难摆脱操纵和获得自由。

被假象迷惑：操纵者善用短暂的温存挽回对方

最初，大多数亲密关系并不是操纵性和毁灭性的，操纵者看起来就是女性要找的理想伴侣——乐于奉献、充满爱意、渴望每时每刻都与对方待在一起。女性被这种亲密的爱意包围着，殊不知，这只是假象。随着时间的推移，她因自己一系列的矛盾情绪——既亲昵、依赖，又恐惧、羞耻——而感到迷惑，也因此更难抽身离开。她不停地取悦对方，希望自己的努力能让爱情回归到原来的样子。而事实上，操纵者只想利用过去的浪漫和她脆弱的感情，让她听命于自己。

在操纵的间隙，操纵者还会流露出稍纵即逝的浪漫、亲昵和爱意，这使伴侣看到了希望，就像沙漠中缺水的旅人看到了一汪甘泉。那份温存真好！她渴望太久了！而操纵者就利用这短暂的温存把伴侣留在自己身边，继续服从自己。这个过程就像人们沉迷于检查手机、邮箱和社交平台上的信息一样——不知在哪个时候，你就能得到自己想要的。因此，即便在阴暗压抑的情感操纵中，女性依旧可以看到星星点点的希望之光。

近几十年里，人们发现亲密关系中的身体暴力呈现出一种微妙的循环，暴力之后紧跟着一段“蜜月期”，作用是为了挽回这个被伤害的女性。之后，有的男性会给对方一线希望，或者表现得像什么都没发生过。紧接着，又是一段紧张期，女性需要避免再次激怒男性。有的人将上述过程称为“暴力周期”，许多处理暴力事件的组织的官网上都有针对这种过程的图解。

然而，与情感操纵的暴力有所不同的是，反复出现的“蜜月期”与发怒、身体暴力一样，都只是操纵的手段而已。玫瑰、亲吻和恭维总能使操纵者重获伴侣的芳心，她以为这个男人正在改变，殊不知这些只不过是为了挽留自己的手段而已。如果表达爱意能帮助自己更好地操纵对方，操纵者就会毫不犹豫地采取行动。当然，他表现出善意可能真的是因为爱她，真的想与伴侣建立亲密的关系，但善意最主要的目的还是给予伴侣希望，使她再次回到自己的身边。

罗伯塔（Roberta）一定会否认与自己结婚20年的丈夫安东（Anton）有暴力倾向。安东有时会用力抓住妻子的肩膀，每隔几个月，安东就坚持来一次“充满野性的性爱”，即使他知道这会弄伤妻子。安东生气时，会用力跺脚或用拳头猛捶墙面。有时候，他会猛地站起来，用手指着妻子，冲着她的脸大喊大叫，好像暴躁的父亲对小女儿发脾气。罗伯塔觉得很羞耻，经常以泪洗面，但即便这样，他们也有感情很好的时候。如果安东发现自己的行为太过火，就会给妻子送花，恭维妻子，带她去她最喜欢的餐厅，拉着她一起窝在沙发上看结婚纪念册，夸她和当初一样美丽，向她承诺他们一定会白头到老。对丈夫的爱、对家庭的奉献将罗伯塔牢牢捆在安东身边，当然，还有对安东的恐惧。

对罗伯塔这种女性来说，暴力和敌意都可能成为她们生活的日常。为了保护自己的安全，维护自己的尊严，这些女性愿意做操纵者要求的一切事情，这也许能换回短暂的和平，但时间长了，女性只会变得更加孤立。

面对男性的身体和言语暴力，女性可能与他发展出一种创伤性联结（traumatic bond），就像人质与俘虏一样。为了使女性对自己产生依恋，操纵者给予她足够的仁慈和欢乐，在暴力之后立刻温柔相待，好像给予了一个巨大的恩赐。最终，女性接受了对方，更加忽略自己，以对方为中心，却不知自己已离危险越来越近。

在外人看来，女性显然应当毫不犹豫地离开操纵者，然而“当局者迷，旁观者清”。受害者太专注于细节，太关注哪些进展得顺利、哪些不顺利，却忽略了对方整体的操纵意图。操纵者的行为有的看起来像在支持她（比如让她减肥）；有的像是爱的表达（比如嫉妒、希望时时刻刻待在一起）；有的女性认为这种行为只是操纵者的一个小怪癖，或只是犯错的表现。虽然受害者在事后都能恍然大悟，却很难在当下正确地进行评估。

长此以往，困惑的感觉、扭曲的观点或麻木的思想使女性很难彻底离开操纵者。

> 正如经历类似境遇的其他女性一样，珍妮（Genie）感到绝望。“要是继续留在他身边，我感觉快要死了。”她说，“可是离开他也同样会要了我的命。”

操纵者操纵伴侣的情感，使她们陷于孤立中。伴随着越来越深的孤独和低自尊，女性觉得自己离开操纵者将无法生存。她感到恐惧，失去了赖以生存的信心。

很多人都会混淆爱、操纵和嫉妒的概念，误认为情到深处，嫉妒就油然而生，嫉妒之心就自然而然衍生出操纵行为。所以，当操纵者说“我不会让你去城里，我如此爱你，一想到其他男人都盯着你看，我就嫉妒得要发疯”，或者“告诉我你的邮箱密码，这样就能确定你没有给其他男人写信”时，他们多半都能得逞。操纵者可能真的会因伴侣在爱情里犹豫不决而倍感煎熬。如果她拒绝服从，操纵者就说这都是出于爱。要知道，情感操纵的一个标志是：操纵者喜欢定义现实，如果他说这是“爱”的话，即便一些行为看起来像“操纵”，也一定是“爱”。

爱情大过天：女性倾向于坚持“将爱情进行到底”

女性应该如何生活？答案有很多种。有些家庭和学校强调女性应该经济独立，拥有自己的事业，而电影、音乐、书籍和杂志又强调浪漫的爱情能让女性幸福一生。

浪漫的喜剧总在上演着不般配的两个人终成眷属的老套剧情。遇到貌若天仙的女主角之前，男主角通常在某个方面十分糟糕，这使女主角十分苦恼，直到误会解除，两人终于幸福快乐地生活在一起。他们的爱情之路十分坎坷，但最终获得了完美的爱情，这是命运的奖赏。

但如果男性的操纵欲很强，伴侣就会发现“将爱情进行到底”比想象中难得多。操纵者利用伴侣对爱情的奉献，将冲突归咎到伴侣的身上，还常常威胁她。他的言行仿佛在说：“如果你真的重视我们的感情，就不会犯错。”为了避免引起轩然大波，女性只能保持沉默。

读大三时，20岁的汉娜（Hannah）认识了28岁的德拉克（Drake），他是汉娜兼职的咖啡厅的主管。德拉克邀请汉娜去跳舞，两人感觉很来电。德拉克说自己很传统，想把他们的第一次留在婚后。约会结束后，他把汉娜送回宿舍，只是短暂而深情地吻了她。

很快，每个周末的晚上，他们都会待在一起，4个月后，德拉克突然手捧花束、单膝跪地向汉娜求婚。汉娜答应了，1个月后，他们举行了简单的婚礼，并决定等汉娜完成学业后再要孩子。

然而婚后，德拉克完全变了。他调整了汉娜在咖啡厅的排班，这样他们就有更多时间共处。有一次，汉娜回家晚了，虽然她已经打电话说自己课后会和姐姐一起出去，德拉克依旧勃然大怒，他不想让汉娜很晚回家，规定只有自己在场时，汉娜才能喝酒。一天，汉娜发现她的一些衣服不见了，问过德拉克才知道，他把它们扔了，因为他认为已婚的汉娜不能再穿一些轻佻的衣服。

德拉克共享了自己的手机密码和社交平台账号，要求汉娜也照做。汉娜拒绝后，德拉克说她是“偏执狂”，还怀疑她当初对婚姻的承诺是否是认真的。

即使是今天，许多文化都认为女性的主要任务是相夫教子、勤俭持家。这样的观念之深，以致女性需要长时间忍受压迫、痛苦和不适，才不会像个失败者。了解女性的早期社会化过程有助于我们理解他们忍受情感操纵、如此努力地取悦对方的原因。

有些男性为了自己的利益扭曲了女性存在的意义。不同文化下，情感操纵的形态也各有不同，从表面上看，男性对伴侣的支配并不都为文化所不容。在全球众多女性都必须面对的“男强女弱”的文化环境中，情感操纵只不过是一个极端的缩影罢了。

圣母心泛滥：操纵者常常会博取女性的同情心

操纵者常自认为是受害者，希望博取女性的同情。正如许多人一样，某些操纵者过去的确承受了一些痛苦，但他们把一切归咎于他人，鲜少为自己的行为和失败负责。

和操纵者确定恋爱关系时，女性常相信对方所说的一切都是真的，她希望自己的精心照料能冲淡爱人之前不愉快的记忆。操纵者表现得非常需要她的关心，而她则希望爱人能变得更好。她相信自己能帮助爱人克服困难，帮助他充分发挥自己的潜力，超越那些曾不看好他的人。她非常同情爱人的遭遇，不忍心看他继续痛苦。不经意间，女性就牺牲了自己，成全了对方。

> 当莎娜（Shana）认识乔治(Jorge)时，乔治仿佛被两个年幼的孩子压垮了，他说那两个孩子是被吸毒的母亲遗弃的。乔治每周要加班两次，莎娜就帮他照顾孩子。后来，如果乔治晚上需要和朋友出去放松一下，莎娜也去帮他。乔治和朋友喝得酩酊大醉，回到家后，还会向莎娜提出性

要求。尽管深爱乔治和孩子，莎娜依然觉得自己是一个保姆、厨子和乔治的专属性工作者，而乔治只知道一味要求莎娜支持自己，与他共度这段艰难的时光。有一天，乔治不在家，孩子们的母亲辛迪（Cindy）打电话来，说自己实际上深爱自己的孩子，非常想和孩子们在一起，可乔治和他的律师施计夺走了抚养权。莎娜将信将疑，不知道乔治说了多少假话。

和莎娜一样，当女性坠入爱河、无比信任对方时，就常以对方的成功和幸福为己任。她相信这个男人只是需要一点支持，自己能改变他的一生。由于他只向自己袒露心声，她确信他的好，别人都看不到。在她的眼中，这个男人是受害者，所以她不忍心在被操纵和胁迫时报警或向他人求助。

当然，许多女性的确促成了男性生命中重大的转变。但如果男性不为自己的行为负责，只知道责怪他人，就很难真正改变。要知道，帮助男性提升自己，是不需要女性以牺牲自己为代价的。

社会大环境：经济和舆论压力让女性甘于被操纵

以上只是女性受困于情感操纵的一小部分原因，更多时候，女性是被社会环境而不是自己的某些特征所困。事实上，留在情感操纵的关系中并非女性自己所愿，她们有的要依靠男性的经济实力，有的对自己是否能独立生存心存怀疑。社会并没有为女性，尤其是育有子女的女性的独立生存创造良好的条件（这里的条件指可负担得起的家政费用、带薪产假和探亲假、儿童保健补贴、最低工资标准、与工作等价的薪资等）。尽管法律保护受害者的权益，却依然会被操纵者钻了空子。比如，操纵者会通过延期支付赡养费，逼迫走投无路的伴侣回到自己身边。

如果真要考虑分手或离婚，女性就要承受巨大的社会压力，她们很担心流言蜚语。也许之前总有人告诉他们，抚养孩子需要一大笔钱，孩子没有父亲可不行。若社会组织工作者不了解情感操纵，还可能不计代价地强迫女性留在糟糕的婚姻中。

此外，女性还可能面临来自家庭、孩子、社会团体的压力。一些文化团体不赞同女性离婚，有的女性担心离婚后会被驱逐出境，变得居无定所，或者失去孩子的抚养权。

除了资金压力，女性还担心提出分手后，伴侣会对自己施加暴力，甚至起杀心。事实上，在结束这段关系的时候，女性被伤害的风险比其他任何时候都高。因此，女性认为自己待在对方身边比离开他更安全，这种想法并非毫无道理。为了安全地逃脱这段关系，女性需要精密筹划。情感操纵的经历（威胁、强奸、持续的嫉妒）比以往的暴力使用情况更能预测分手时可能出现的暴力强度。操纵者无法忍受伴侣违背自己的意愿而离开自己——暴力就成为他们的回应方式。

女性可能尝试过很多次逃离，却都没有成功。她们被操纵者跟踪、威胁、殴打、强奸、夺去所有财产。即便操纵者从来没有和孩子朝夕相处过，却依旧威胁要夺走孩子的抚养权。他还可能用自己光鲜的外表和人脉，操纵法律工作者和警察。他将所有人玩弄于股掌，获得了朋友、家庭和老板的支持。

女性如何在被操纵的环境中重新掌控自己的人生

没有哪个女性甘愿承受伴侣的操纵和羞辱，只要女性感觉被束缚，就会尽其所能地解决问题，提升关系的质量。通常，她们多次想到离开，即便继续留在这段关系中，她们也绝不愿意容忍继续被伤害。

为了保护自己和孩子，让两性关系有所好转，受害女性常常需要付出很多努力。即便伴侣的要求越来越严格，她也会尽可能地服从、取悦于他，希望自己表现得更好，让他更满意，这样他就能更友好一些。她还尝试小心地提出问题，让对方明白他已提出了太多要求，或者明白自己的错，她尽可能地保持积极，通过降低自己的期望来避免更多的失望。时间长了，男性可能不再需要非常严格的操纵了——因为女性已经学会如何巧妙地满足对方的要求。

格蕾丝（Grace）无数次下定决心要做得更好，才能使残酷而欲求不满的丈夫亚瑟（Arthur）满意。她报了厨艺培训班，让孩子们举止得体，烹制亚瑟喜欢吃的菜，穿亚瑟喜欢的衣服，她尽量表现得积极而愉悦，试图让家中的气氛更好一些，她知道只有这么做，才能让亚瑟满意。

尽管尝试了许多年，格蕾丝依然失败了。虽然亚瑟偶尔会称赞她，但更多的是越来越频繁的指责、要求和惩罚。在他们刚结婚的时候，亚瑟禁止格蕾丝在没有自己批准的情况下出门。多年以后，格蕾丝开始恐惧到人群中去，只有在亚瑟的陪同下才敢踏出家门。亚瑟不再需要严格地操纵格蕾丝了——他甚至在孩子面前嘲笑妻子的胆小，而格蕾丝对人群的焦虑迫使她只能留在家中。

操纵者常让女性觉得一切分明都在她的掌控之中，是她做错了，所以理应为自己的错误负责、承受批评和惩罚。女性经常反省自己，试图作出补偿，找出令他满意的办法，而操纵者则像评论家一样中立地回应着，甚至给出积极的评论。为了避免让对方更加生气，女性经常尽可能温和地表达自己的想法，反复琢磨怎样才能迎合对方的心意。然而失败后，留给她的只有深深的失望，她不明白她这么迎合他，为什么他还是对自己勃然大怒或失望透顶。从表面上看，女性的这种努力像是一种被动顺从，但事实上，她只是希望以此占据主动位置，或者摆脱暴力和操纵。

尽管承受着巨大的压力，多数女性依旧勇敢地尝试着掌控自己的人生，一次又一次地试图逃离。

许多被情感操纵的女性并不会坐以待毙。有那么一阵子，她们可能没有意识到自己的局限，被操纵者描述的现实所迷惑，可是数月、数年过去了，她们越来越不安于现状，一直试图寻找出路，尝试做回自己。如果被对方孤立了，女性通常会想方设法地结交朋友，而操纵者总是试图切段这些联系，就像猫捉老鼠的游戏一般。

许多女性不遗余力地通过划出“安全地带”来维护自主性：可能是她们感到自在的某个场所，可能是一段对她们有价值的关系，可能是能够表达自己兴趣的机会，还可能是拒绝操纵者的某个巧妙的方法。

例如，被孤立的女性有时会使用公共电话或在工作时打电话与他人联系，这样操纵者就不能监听自己所有的通话，或者偷偷存下私房钱，在邮局设置信箱，为杂志供稿，使用避孕措施，或在操纵者不常去的地方结交朋友。

贝蒂（Betty）瞒着丈夫，在网上完成了大学学业，这样就能在离婚后找到工作。

琳（Lin）在艺术作品上发泄着自己的愤怒和挣扎，这在她的丈夫看来，不过是无关痛痒的兴趣罢了。

安娜斯塔西亚（Anastasia）每天花几小时锻炼身体，好身材让她觉得健康而富有活力。虽然丈夫在生活中多方操纵她，但她在自己的身体上拥有绝对的权利。

年轻的熙（Hee）怀疑男友监控自己和他人的联络，于是故意在对话和邮件中夹杂了一些男友看不懂的韩语。

做饭和做家务时，辛西娅（Cynthia）习惯哼着小时候的歌，这让她回想起过去的快乐时光，她相信自己终有一天能获得自由。

塔尼亚（Tania）为孩子们申请了儿童保育补

贴，一旦成功获批，她就能离开丈夫。

> 乔治亚（Georgia）已经好几次与一个男性朋友在咖啡厅秘密约会、互相调情了。有时候她因此感到羞耻，但更多时候，她觉得与欣赏自己的男人约会是她唯一能保持人性的方式。

虽然上述例子各有不同，却都在向我们展示女性在压迫下向往自由的样子，犹如向日葵总是面朝阳光一般。

生而为人，我们都希望有独立思考和行动的能力。诚然，不同文化对独立和依赖的提倡程度不同，许多文化期望女性将丈夫、父亲、兄弟的意愿看得比自己还重。然而，即便是奴隶制时期，每个人——无论男人或女人——都在为自主意识奋斗着。无论女性在何处被操纵，无论操纵她们的是自己的丈夫、老板，还是皮条客，女性都在心中唱诵着歌曲，不断重温快乐的记忆和美妙的梦想，这些提醒着她们："这才是真正的我！"

情感操纵中的受害者是不允许自我就这样被轻易抹去的。

第三部分

特殊类型的情感操纵

第 5 章

女性操纵者

多数情感操纵都是男性支配女性，这是因为社会为男性的支配地位提供了便利。除此之外，情感操纵还存在很多其他形式。尽管之前我使用“男性”指代“操纵者”，用“女性”指代“受害者”，却必须考虑各种关系下的各种人群。本章将讨论女性操纵男性的情况。

女性操纵者通常有显著的优势：地位、金钱或健康

女性有计划地操纵男性伴侣的案例也确有发生。在这些案例里，女性操纵者通常具有一些实质性的优势，例如有更高的社会地位、更多的金钱和更好的健康状态。男性可能仰仗妻子赚钱养家而不得不屈服于她的操纵。有的男性则因自己生理或心理缺陷而向妻子屈服。

一次车祸让杰罗姆（Jerome）必须在轮椅上度过余生。在一次音乐会上，他结识并爱上了艾达（Aida），艾达好像也非常爱慕他。但是，艾达“脾气有点大”，约会后的一个星期，她搬进了杰罗姆的公寓，很快她就承包了所有家务。在杰罗姆把自己的伤残救济金交给艾达后，他就感觉自己变成了一个“牢犯”。艾达遣走了过来帮忙的护工，这让杰罗姆与世隔绝。如果杰罗姆不服从自己、不在救济金上签字，艾达就拒绝帮他洗澡，迟迟不给他吃饭、喝水，她批评和羞辱杰罗姆，说他“连站都站不起来”，是个废物，不配为男人。杰罗姆的生理缺陷使他不得不被伴侣操纵。

有些男性甘于忍受操纵，是因为他们没有退路，或者分手将使他们失去更多，比如再也无法接近自己的孩子。有时候，他们以为自己和妻子的关系只是与旁人不同，并没有意识到自己已经被伴侣操纵。此外，男性觉得自己被一个女性操纵太丢人了，所以羞于向外求助。

在下面的案例中，我们将看到一个蛮横的女性操纵者，尽管他们的关系失衡了，却依然不是情感操纵中最典型的样子。

在大学课堂上，出生于厄瓜多尔一个教授家庭的约瑟（José）认识了丽塔（Rita）。一年后，两人订婚了。他们很高兴能从原来的家搬出来，住进两个人共同的家。他们约定，等双方的工作有了起色后再要孩子。

然而结婚后，丽塔却变了，她嫌日子太清贫，就用共有账户支付家庭开支，只在每周一给约瑟很少的零花钱。她还开始跟踪约瑟，观察他下班离开办公楼后都和谁说话。

在人前，丽塔表面和颜悦色，却会很小声地

羞辱和命令约瑟。私下里，她还会用拳头打丈夫，约瑟虽感到厌烦和不满，却并不觉得身体受到了威胁。一次，丽塔在约瑟开车时打他的胳膊，还打飞了他的眼镜，约瑟停了车，郑重地警告她："你再打我试试。"从此以后，丽塔果然再也没有动过手。

约瑟对家里的情况感到很羞耻，没有向任何人倾诉。那个曾经甜美的姑娘消失了，他希望有一天情况能有所好转。两年过去了，在一次可怕的假期之后，丽塔说她怀孕了。等到两个女儿上了高中，约瑟提出了离婚。

在这个案例中，我们看到了一个被妻子操纵的男性。但是，约瑟并不害怕丽塔，他有能力掌控整个情况。除了冲丈夫大喊大叫和拒绝他的性要求外，丽塔也没有用其他手段惩罚丈夫。尽管约瑟被限制花钱，却并没有被孤立，他依然有自己的工作，能够在工作中或与他人踢球时维持自己的尊严。

因为女性在性别歧视中不占优势，所以很少能对男性伴侣施加完全的操纵。

第6章

被操纵的青少年群体

本章将论述青少年群体中的情感操纵。有些人从很小，十二三岁时就被操纵了，操纵他们的可能是年纪比他们小，或与他们同岁，或比他们稍年长，或年纪比他们大很多的伴侣。二人的年龄相差越大，年轻的一方就越处于弱势。

与发生在成人间的情感操纵不同，由于青少年通常和父母或他们的照料者住在一起，操纵者的支配行为也因此受限——他们只能支配受害者的一部分，而非全部。青少年的恋爱通常并不长久，操纵和孤立也经常没有足够的时间深入。因此，虽然某些青少年的恋爱关系中的确出现了一些操纵行为，却不足以成为情感操纵中最典型的例子，但这并不代表青少年受害者的日子就会好过一些。

有些青少年绝对是情感操纵的受害者，他们持续数月或数年地过着悲惨的生活，大好的青春年华长期受到极具破坏性的影响，虽然他们只是在早年遭遇不幸，却极有可能将这段感情中的认知带入之后的人生中。除此之外，早期被操纵的遭遇可能对受害者的人生造成长远的负面影响，例如低自尊、进食障碍、性病、早孕、辍学、早婚、成瘾，以及其他心理健康问题。

青少年容易被操纵的原因和方式

青少年缺乏浪漫的爱情经历和性经验，因此很难分辨自己的恋情是否是健康的。如果他们在恋情中感觉不适，很大的可能是毫不犹豫地否定自己的感觉，尤其是十几岁的女孩，经常为了避免冲突而一味迎合男友的需要。如果坚持己见，她就可能被贴上“一意孤行”或更难听的标签。

青少年经常无法随心所欲地生活，因为父母会决定他们的住处、在哪所学校就读、接受怎样的医疗照顾等。为了避免父母介入其中，青少年很少将在恋情中遭遇到的暴力和操纵告知父母，也很少通过专业的渠道求助，害怕父母的孩子更是如此。这些原因使青少年群体逃脱情感操纵难上加难。

此外，即便多次被男友操纵，女孩仍担心男友会惹上暴力、吸毒或触犯法律等“麻烦”，正如成年女性一样，她们既希望暴力和操纵能够停止，又渴望能持续自己的恋情。

青少年群体有很大的个体差异性。价值观、道德观和文化背景无不在影响着他们，进而影响他们对待感情的态度。虽然人的生理年龄与其成熟度并没有明确的关联，但

13 岁和 19 岁的孩子、在校生和中途辍学的孩子、有稳定工作的和无业或涉嫌贩毒等犯罪活动的孩子，必定有极大的不同。

避免或摆脱一段操纵关系，对家庭稳定、有父母支持的孩子来说可能很容易，但对居无定所、家庭不幸、想从操纵者身上寻找慰藉的孩子则非常困难。更加悲哀的是，被亲戚或邻居虐待的经历教会他们屈从于施虐者，并保持沉默。曾在家庭内部遭受身体虐待、性虐待和情感虐待的经历也使青少年在离开家庭后，屈从于同样虐待他们的伴侣。

青少年都向往浪漫的爱情，却很难务实地规划未来。一个操纵欲很强的孩子可以在他的伴侣身上培养这么一种观念——他们与世界是对抗的，需要联合起来并肩战斗。

如果成人因孩子的伴侣年长，或社会地位与之不同而反对这段恋情，就会更加坚定他们——尤其是女孩——维持恋情的决心，即便操纵行为真的存在，她也会以身试险，证明自己择偶的眼光是正确的。

暑期在快餐店打工时，17 岁的乔妮（Joni）认识了 23 岁的内桑（Nessim），两人的相恋遭到了双方父母的反对，因为两人的信仰不同。乔妮的父母发现内桑年纪很大，还没有读大学，就更加反对女儿与他在一起。为了证明父母是错的，夏天结束时，乔妮选择了退学，继续在餐馆打工，然后搬进了内桑的出租屋里。不久，乔妮就后悔了，因为内桑总以信仰为借口，强迫自己穿着保守，不让自己出席工作以外的任何场合，但内桑自己却经常喝醉，与陌生的女人调情。因为害怕被指责，乔妮不敢把这一切告诉父母，也无法摆脱这段关系。

无论如何，如果你担心孩子们陷入毁灭性的恋情中，就应该尽自己所能，与他们保持联系，坦率地沟通。

孤立与跟踪

大多数青少年缺乏与同龄人恋爱的经验。如果早年父母常以爱之名操纵孩子，或者孩子们曾目睹自己的母亲被操纵，那么日后，他们的爱也可能伴随着操纵。

一个操纵欲强的男孩可能试图霸占她所有的时间，他会说她朋友的坏话，坚持让女友“抛弃”她的朋友。青少年的友情本就不稳定，失去朋友可能会使她们觉得失去了社会地位，永远也交不到朋友。在这种情况下，女孩们只能依附于伴侣，因为她们觉得这个世界上已经没有其他可靠的人了。

吉姆（Jim）是学校里无人不知的体育明星。他和茱莉（Julie）第一次发生性关系是在一场派对上，两人都只有16岁，虽然当时他们都有性经验，却从没有过稳定的恋情。

从那以后，吉姆坚持，无论自己在不在训练，茱莉都得和他待在一起，如果他们在一起时，茱莉的手机响了，吉姆就会擅自接听，告诉对方“她很忙”。他整天跟着茱莉，课间在储物柜前吻她，在自助餐厅用餐时，让她坐在自己的腿上，逃课和她在露天看台上亲热。茱莉和她的朋友们断了联系，因为吉姆说他们“很烦人”。如果吉姆发现自己做得太过，惹怒了茱莉，就会带茱莉出去吃饭，送她礼物。

趁着吉姆连续一周外出参加足球野营的机会，茱莉鼓足勇气提出了分手。回来之后，吉姆威胁要杀了茱莉和所有偷瞄茱莉的男孩，他每天放学后都等在校门外，有时候气呼呼的，有时候则温柔又浪漫。很快，他们又复合了。

如果一个女孩觉得有义务向父母和其他成年人保守自己感情里的秘密，那么她和那些可能的支持者就会产生嫌隙。在这段难以掌控的恋情里，女孩必定是孤独的。

恋爱中的青少年非常容易嫉妒他人。在听说或目睹女友、前女友与其他男人见面后，男孩们就会变得充满敌意，不断散播女孩不忠的谣言，或集结自己的和她的朋友共同监视她的行踪。

女孩则可能直接联系男友，核实他究竟在哪儿。如果发现对方撒谎，她可能对男友或第三者大打出手。研究表明，即便是遭受了女友的暴力，男孩们也很少受到威胁，只是有些羞愧和厌烦。同时，第三者更容易成为女孩动手的对象。

男孩可能通过在公共场合不间断的肢体触碰来宣示对女友的占有权，比如一直拉着她的手、挽着她，即便老师或父母在场也是如此；或者从背后抱住她，紧紧搂着她的腰，在她的身上蹭来蹭去；或者不顾对方的意愿，与她长时间当众舌吻。当然，有些男孩的确很享受身体触碰带来的亲密无间，但有些男孩这么做仅仅是出于占有欲，而不是出于对女孩的喜爱。

形象管理

在性方面很活跃的女孩可能被称作“荡妇”，而类似的男孩则可能被戏称为“花花公子”或“游走在女人之间的男人”。有时，将女孩推向不健康关系中的正是性别上的双重标准。

罗斯（Ross）和达娜（Dana）相识时，罗斯读高三，达娜读高一。罗斯邀请达娜去他的毕业舞会，向她献媚，这让达娜在同龄人中很有面子。

然而，这背后有一件不为人知的事。就在毕业舞会前一周的一个晚上，罗斯将达娜带到了公园。达娜很紧张，这是她第一次单独与男生在一起。达娜知道父母不希望她在18岁前恋爱，因此隐瞒了这件事。在漆黑的长凳上，罗斯亲了达娜，手也游离到了达娜的胸部，达娜试图阻止却没有用，想要站起来，却被罗斯一把拉回。“你这么美，这次你走不了了。”罗斯将达娜的手放在自己勃起的生殖器上。“你现在必须帮我，就像之前一样。”事后，达娜哭了，罗斯安慰她说：“你现在是我的了。”还暗示她说，只要她不离开自己，他就保守秘密。

回到家后，达娜看到罗斯在社交平台发布了一条信息，公开感谢达娜让他“度过了一段美妙的时光”。罗斯还为他们的恋情设置了规则，命令达娜哪些地方能去，哪些地方不能去，然后继续在性行为上胁迫她。

达娜的遭遇是由多方面因素造成的，其中包括隐瞒父母、罗斯施加的社交压力和性压力，以及达娜对名誉受损的担忧。达娜回忆，如果自己拒绝做罗斯的女友，就会因曾与他发生性关系而被认为是“放荡”的人。

青少年之间的恋情通常较为短暂，考虑到这点，有些孩子试图在短暂的时间内尽可能多地获益。对男孩来说，拥有一个众人眼里“火辣”的女友既能提升自己的社会地位，又能证明自己不是同性恋。

身体支配

经历了青春期的身体发育之后，一些十几岁的男孩会利用他们的体型优势来支配同龄的女孩。他们常说只是“玩玩”，但程度往往超过了伴侣的承受能力。有的男孩会胳肢女友，或与女友打闹，一直到对方痛苦地喊停下；有的男孩会从身后将女友一把抱住，抓住她的手腕，如果对方生气了，就笑着说“闹着玩儿”；有的男孩会出手打女友，在公共场合也是如此，然后说自己“只是闹着玩儿”，还批评她“无趣”“玩不起”；有的男孩在游泳时，一把将女友扔下水，甚至把她按在水下，让她呛水，看她挣扎。诚然，青少年的确能通过嬉戏打闹来调情，让彼此更加亲密，但如果行为是在一方不情愿的情况下发生的，那就不是调情，而是虐待。

男孩们并不总是将自己的身体支配行为定义为“玩耍”，他可能抓、推、打、捏、甚至咬女友，作为对她的威胁和惩罚，或仅仅为了显示自己的支配地位。身体暴力通常在女孩拒绝某种特殊的性行为时发生，一旦开始，身体暴力就将一直在关系中持续。

正如成年男性一样，十几岁的男孩们也常通过间接的身体暴力来威胁伴侣，如捶打墙壁、乱扔东西、超速驾驶和其他男孩大打出手，或威胁要使用暴力。他们的目的只有一个，为了显示自己的暴力倾向。

有些男孩故意让他人知道，当自己被激怒时，很可能会“失去理智”作出很多疯狂的事情。虽然人们期望成熟的男性总能保持理智，但对一个年轻的男孩来说，自称会完全失去操纵却是一种骄傲，这对伴侣来说是极具威胁性的。

酗酒

很多青少年经常酗酒，他们会在短时间内摄入大量酒精。青少年饮酒常常是为了喝醉，而不是为了社交。因此，许多青少年会在酒后做一些清醒时不敢触碰的坏事，也就不足为奇了。

每周五和周六的晚上，17 岁的瑞（Rui）都会在聚会上喝很多酒。每次喝酒，他都要求 16 岁的女友希娜（Hina）一刻不离地陪着自己，甚至连她去洗手间也要提前告知。他让希娜坐在自己的腿上，紧紧地抓住她，当着朋友的面对希娜在性方面的表现评头论足。希娜从不在派对上喝酒，这样派对结束后就能开车送瑞回家。有一次，希娜开车送瑞回家时责怪瑞在派对上不尊重自己，瑞听后向她大喊大叫，试图去夺方向盘，这让希娜害怕极了。不喝酒时，瑞会表现得文质彬彬，这给希娜很大的安全感。但那次以后，希娜送瑞回家时总试着捎上他人，这样她就可以不与喝醉的男友独处了。

很多男孩强迫女友喝酒，好让女友接受平时不可能接受的性交方式，他们甚至为此精心密谋。有些男孩故意让女孩喝多，鼓励她们不断地“再喝一杯”“就一杯”，以削弱女孩保护自己的能力。事实上，与没有意识或因醉酒而无法给出有意义的许可的人发生性关系也属于强奸。

性压力

年轻的女性经常面临来自男友甚至相交不深的男性的性压力，这些男性常这样为自己辩护：每个人都会这么做，是她在勾引我，我就是有这样的需求……十几岁的男孩常常操纵女孩对爱情的定义，告诉她们“如果你是真的爱我，就要……”，这些糖衣炮弹总会让追求浪漫爱情的女孩屈服于情感操纵。

人们通常认为女性应保护自己的贞操，对性行为应有所抵抗，否则就会被贴上“荡妇”的标签。但同时，社会又期望女性能受男性的欢迎，这种矛盾使女性很难在关键时刻求救，在身体上保护自己，或明确地拒绝男性的性要求。也许是出于权力意识，又或是年纪太小、少不更事，男孩常强迫女孩接受她们不喜欢的性交方式，而且因为害怕自己被拒绝，男性常常选择直接行动，而非提出需求。

发生在青少年群体中的对性行为的情感操纵表现为：强迫伴侣接受她们不喜欢的性交方式；在她们不愿意的时候强行进行性行为；拒绝在安全的范围内性交；在性交时忽略对方的感受，只追求自己单方面的欢愉。持续的性关系也可能是被迫的，表现为只要女孩不妥协，她们就会一直被骚扰、跟踪、甚至侵犯。

有的男孩在被拒绝后，会辱骂女孩，然后扬长而去，或威胁要“再找个人来”，这让女孩发现必须迎合对方的需要，否则恋情就岌岌可危。如果男孩的年龄稍大，他们就会通过指责女孩不成熟，或暗示自己将在别处找乐子，来诱使女孩在性方面做更多她不愿意的尝试。有时候，青少年还会面临来自同龄人的性压力。更糟糕的是，有些男孩的确让伴侣感到恐惧，他们告诉伴侣拒绝自己的性要求不是个明智的选择，如果不想被强迫，就最好顺从自己。

女孩通过皱眉、推开男孩的头和起身离开来表达自己的拒绝之意，一些女孩说话非常婉转，就像提出问题和对方说“我不确定自己真的想这么做”，而不是明确地叫停。在女孩表示不愿意的时候，许多男孩认为为了自己的需求可以强迫他人，或者认为自己可以忽视对方的意愿。一段时间后，男孩可能声称自己只是误会了女孩的意思，以为女孩真的想发生关系。在许多强奸案中，被告都用“两厢情愿”来为自己的行为辩护。

一些男孩还创造了一种“亚文化”，用来支持性侵和操纵行为。有时，他们和同伴打赌多长时间可以和某个女孩上床，比赛谁在特定的时间内勾引的女孩最多。在高校，大四的男孩会攀比谁能骗到更多小学妹，他们故意将目标锁定为低年级女生。

现代科技

现代科技为青少年实施情感操纵提供了很多新的可能。在当代，大多数青少年都会使用手机和电脑，这为网络跟踪、骚扰和欺凌提供了便利。通过现代科技，男孩几乎可以不间断地给伴侣发信息、打电话，如果无法通过技术追踪对方，他们还可能亲自出马，或发信息给她的朋友，甚至能将监控扩大到女孩的家，然后继续进行信息轰炸。很多次，父母以为自己未成年的孩子已经睡下了，殊不知他们在网络上正忙得热火朝天。

类似的社交平台都能被用作恐吓的渠道。例如，在这些平台上表达对某人的所有权，或对现任和前任实施报复。网上的交流很难被记录，却真的能够引起恐慌。举例来说，一个男孩给前任发了一张沾满血迹的剪刀的图片，仅仅几秒钟，这张图片就消失在巨量的信息中。

男孩们的手机上经常存有女友或前任女友的裸照，如果哪天他们生气或分手了，男孩就经常与朋友“分享”这些照片。在很多高中，女孩们的裸照能流传很多年。散播18岁以下人群的裸照属于非常严重的犯罪行为。我们建议，在任何时候，任何青少年（成人也是一样）都不要拍摄自己的裸照。

成年人还可以通过网络会见或引诱未成年人，这些人通常不是完全的陌生人——他们可能是孩子们的邻居，与孩子们来自同一个学校，或有共同的朋友，如果这种关系持续下来，就很可能发展为极端的操纵。

当伴侣比自己年长时

有些青少年以为自己可以从年长的、阅历更丰富的伴侣身上学到很多东西，或尝试更多休闲娱乐的方式，见识未知的成人世界；有的觉得与成人交往能带来所谓的“好处”，比如有机会喝酒、开车；有的则认为年长的伴侣更绅士、更成熟。

然而，由于年龄存在巨大差异，我们很少能见到一个未成年人能与成年的伴侣在一段亲密关系中拥有同等的权利。通常，年纪较大的一方十分独断，忽略伴侣的意见，甚至要求伴侣在做某件事——如和亲人、朋友见面——之前必须获得自己的批准。

在海边度假时，16岁的拉维恩（Laverne）认识了28岁的丹尼斯（Dennis）。丹尼斯讲起话来彬彬有礼，他称赞拉维恩有双“迷人的眼睛”，还邀请拉维恩和她的朋友吃冰淇淋。拉维恩没有告诉丹尼斯自己的电话号码，只留下了她在网上的联络方式。两人在网上聊得火热，很快就转为短信交流。两周后的一天，丹尼斯到学校接拉维恩放学，送了她一大束玫瑰，又带她出去吃晚餐，那是拉维恩第一次真正意义上的“约会”。晚餐结束后，丹尼斯邀请拉维恩去他的公寓看他养的狗，拉维恩推托说太晚了，要回家了，可丹尼斯不肯罢休，坚持说看狗不会花太久时间。拉维恩知道丹尼斯可能会强迫自己与他发生性关系，虽然不希望如此，但她觉得应该对丹尼斯友好一点，毕竟他对自己如此慷慨。

就这样，他们开始了交往。丹尼斯每隔几天就会接拉维恩放学，把她带到公寓，然后发生性关系。丹尼斯带她喝酒，给她买衣服和首饰，把自己当作拉维恩的导师，如果她做错了，就要接受惩罚，他还怂恿拉维恩模仿色情片里的情节。

拉维恩并不总是想跟着丹尼斯回家，有时候，她觉得自己应该回家准备考试或和朋友待在一起，但只要看到丹尼斯的车停在校门口，她就不由自主地上了车。拉维恩变得神秘而抑郁，她说丹尼斯有一股神奇的力量，她不知道该怎样解释、怎样逃离。这一切令她觉得羞耻，她不敢和任何人倾诉。

怀孕与未成年妈妈

操纵者通常会在伴侣怀孕后加强自己的操纵，对怀孕的未成年伴侣更是如此。他们会要求年轻的准妈妈必须留在家里休息，因为这样对孩子好，而自己则依旧过着充实的生活。等孩子出生后，许多未成年妈妈都希望能离开家，重新回归精彩的世界。矛盾就在此时爆发。

孩子的父亲无论是年纪较大的成年男性，还是少不更事的男孩，都会将照顾孩子的全部责任推给尚未成年的妈妈，这样他们就能一边继续自由地读书、工作、社交，一边还能要求女孩“表现得像个母亲”。

有的男性在未成年的女友怀孕后就离开了她们，或假装这个婴儿和自己一点关系也没有。没有父亲的参与，未成年妈妈想要独自或依靠自己家人的帮助带大孩子，必将面临非常大的挑战，但她们至少不用再屈从于孩子父亲的操纵和虐待了。

社会通常会认为未成年妈妈很不负责任、两性关系很乱，这是一种偏见，属于公共健康问题。为了避免背上“未成年妈妈”带来的更多恶名，许多未成年妈妈即使是在被孩子的父亲操纵和虐待的情况下，也要继续与他们维持好关系，这样总好过自己“臭名昭著”。因为被伴侣操纵，或者生活节奏发生翻天覆地的改变，未成年妈妈会慢慢与朋友断了联系。那些被自己的亲人抛弃的、被孤立的和不会向专业机构求助的未成年妈妈更有可能选择与孩子的父亲维持关系。我们建议未成年妈妈们可以相约一起参加社会活动，这将有助于她们减轻被孤立的程度，重拾自信。

社会福利工程常赞扬年轻爸爸抚养孩子的事迹，虽然父亲主动参与到养育孩子的事情中的确值得称赞，但如果他是以暴力或操纵的方式进行，那么这对孩子和孩子母亲来说，就是弊大于利。操纵者在被允许与孩子联系之前，应该接受暴力干预学习，社会支持机构也应该关注未成年妈妈的相关福利，因为未成年妈妈同孩子一样，都还是未成年人，需要被保护。

如何为被操纵的青少年提供帮助

如果你关心一个人，就一定要与她保持联系，特别是与情感操纵的受害者保持联络，邀请她们去散步、一起做事或去你家做客，让她明白自己不是一个人，她永远可以结交朋友，试着去中和她的伴侣带给她的负面信息，鼓励她说说关系中不好的一面，问问她是不是还害怕，温柔地和她分享你对她的印象，注意避免评判性言语，不必告诉她要怎么做，只需要把这本书送给她，帮助她在网上检索有关情感操纵的信息。

16 岁的卡罗尔（Carol）和肖恩（Shawn）正在读高二，他们已经约会一年了，几乎整天待在一起。后来卡罗尔退出了运动队和乐队，成绩也下滑了。她变得越来越瘦，大家的羡慕变成了担忧。除了和肖恩在一起，卡罗尔好像对所有事情都没了兴趣。卡罗尔的父母很支持他们在一起，甚至带肖恩一起旅行。可是，卡罗尔变得越来越孤独，经常开玩笑似的做些要自杀的手势，有一次她吞掉了半瓶药片，还有一次她拿剪刀想割自己的手腕。

虽然感觉到卡罗尔的疏离，卡罗尔的小学和中学的朋友们却依然很关心她，向她伸出了援助之手。他们不顾肖恩挑剔的目光，带着卡罗尔去咖啡厅，邀请她去家中做客，一次又一次地表达他们对卡罗尔的喜爱和想念，他们与卡罗尔分享食物，关注卡罗尔的行动，鼓励她去做乐队。排练的时候，卡罗尔可以离开肖恩好几个小时。

几个月后，卡罗尔变得坚强了许多，这才意识到让自己远离人群和社交的正是肖恩，她与肖恩分手了。朋友的陪伴和支持让卡罗尔重拾自信，并开始掌控自己的人生。

如果你希望帮助自己的朋友，就千万不要散播有关她和她恋情的谣言。请仔细地倾听她，细细询问自己能够为她提供什么帮助。

如果可以，试着找一个值得信任的成年人，如父母、老师、学校的辅导员、教练或校医院的护士，与他们交流你的看法。还可以带你的朋友去反家暴机构寻求帮助。记住，如果你发现身边的未成年人被虐待了，或有被虐待的风险，或有自杀的倾向，请务必联络相关机构。或许你觉得年轻人的事情应该向成人保密，但保证自己和朋友的安全无疑是更重要的。

青少年缺乏经验、知识、信心和法律地位，想要摆脱情感操纵、重获自由，他们比成人更需要他人的帮助。不幸的是，青少年常常只向同龄人求助，但他们是很少有足够的能力去有效地帮助自己的。如果作为成人的你想帮助他们，就要表明自己是值得信任的，你必须避免一味地说教，要学会耐心地倾听、给予支持。

帮助青少年是很容易失去耐心的，你很可能不理解孩子们为什么就是看不到这段关系给他们带来的负面影响，催促他们“赶紧分手”的确不是一项简单的工作。你必须记住，青少年是怀着深厚而炙热的感情爱对方的，失败的恋情会让他们怀疑自己还能不能再爱上他人，他们曾经相信《美女与野兽》（*Beauty and the Beast*）中纯洁的爱情神话，曾经幻想着至死不渝的爱情能把恶魔变成王子。因此，孩子们能从一段关系中收获到的东西，成年人可能永远不会懂。

除此之外，我们还必须注意孩子们停留在这段关系中的各种因素。比如，怀疑自己怀孕了，想从家里搬出去、退学和男友同住，男朋友拿自杀来威胁，被威胁分手就泄露性爱照片或其他隐私，或者因操纵者的纠缠不休，与朋友们渐渐断了联系。

那么，成年人应该怎样帮助被情感操纵下的孩子呢？我们可以在尊重的基础上询问他们，可以提供求助的资源。比如，可以为他们买这本书，可以陪他们去反家暴机构，让他们和工作人员单独聊聊。事实证明，反家庭暴力机构对他们摆脱情感操纵有很大的帮助。

对于还在读书的青少年，可以开展一些有关健康关系知识普及的活动，为了使其作用最大化，教育者应该让学生亲自参与到活动的设计和实施中来。

所有健康课程、心理课程和辅导员的小组会议都应囊括在健康关系的相关内容里，教育者应专门设置男生组和女生组，让孩子们自由讨论对亲密关系的看法，这将对孩子们有所助益。自信训练、冲突解决训练和关系调解训练能帮助孩子们学习如何巧妙地与他人沟通。如果这种训练被普及，将有效减少校园骚扰和欺凌。另外，所有孩子都应学习有关惩处网络骚扰者和传播淫秽照片的法律。

已经辍学或退学的孩子们应该找到合适的事情做。比如，浏览网页、在比萨店或购物中心打工。相关部门应针对寄养中心、拘留中心的青少年开展特殊的主题活动，医生办公室和各种公共场所都可以提供有关的宣传册。

从事青少年工作的人应熟练掌握情感操纵的各种表现，还要对健康性行为亲密关系进行宣传。受青少年欢迎的亲密关系通常具备以下特点，这四点被统称为HERS。

- 诚实（Honesty）
- 平等（Equity）
- 尊重（Respect）
- 安全感（Safety）

情感操纵下的青少年失去了自由、自尊和自我成长的机会。虽然本书很多例子都来自于成人，但我相信，本书依然能为青少年提供很大的帮助。

第四部分

如何结束情感操纵

第7章

如何评估自己是否正深陷一段操纵关系

本章将帮助你评估自己是不是情感操纵中的受害者。也许你的伴侣曾对你说过“这一切都是你自己的错”，也许你对此半信半疑，我们将为你的疑虑提供最客观、最真实的答案。我们将帮助你思考种种过往之间的联系，这可能很痛苦，请做好准备，并确定你有支持者。

操纵关系评估测验

现在让我们来评估一下一段操纵关系的质量和健康程度。自由既能提升你的关系质量，又能帮助你结束一段操纵关系，请试着期待自由能给你带来的各种可能。

本部分内容会为你提供一种新的思考视角，它将帮助你决定是要停留在这样的关系中，还是尝试着去改变它，又或者为它画上句号。阅读下面的内容，你也许会发现自己的关系中的确存在一些操纵行为，你或许无意中已采取了一些措施。在安全的场所拿出本书，圈出每一题的答案，你可以在空白处做笔记，可以写下提醒你某个特定事件的词语，如有补充，可以添加到每个部分的列表当中。如果你已经身处情感操纵中了，请确保将本书放在安全的地方。

你或许在列表中看到了一些类似情感操纵的行为，并为此感到惊讶，因为你早已习惯了，认为“理应是这样”。如果能从新的视角去看、去思考，你将发现它们“不合乎常理”。

以下列表没有绝对正确的使用方法。注意，你不能简单地把每一条的选项累计起来，然后得出一个结论告诉自己“我的关系还不错”或者“我的关系是操纵性的，我得改变它”，或者“我必须结束这段关系”。在不同的关系中，情感操纵的表现各有不同，在庞大的数据面前，每一个决定都是个人的。

请在每个问题下圈出最合适的选项，若不符合你的情况，请直接跳过该问题。

▶ 孤立

一般情况下，伴侣是否试图让你远离他人？

• 否　　是

伴侣是否干涉你：

• 外出	从不	有时	经常/总是
• 通话	从不	有时	经常/总是
• 邮件	从不	有时	经常/总是
• 信件	从不	有时	经常/总是
• 社交平台	从不	有时	经常/总是
• 与他人聚会	从不	有时	经常/总是
• 与朋友的关系	从不	有时	经常/总是
• 与父母、兄弟姐妹和其他亲戚的关系	从不	有时	经常/总是
• 兴趣和爱好	从不	有时	经常/总是
• 参加社群组织	从不	有时	经常/总是

如有其他，请写下来：

- ______________________________
- ______________________________
- ______________________________

▶ 个人活动

一般情况下，伴侣是否试图操纵你的个人活动？

- 否　　是

伴侣是否干涉你：

• 睡觉	从不	有时	经常/总是
• 穿衣服	从不	有时	经常/总是
• 使用电视或网络	从不	有时	经常/总是
• 追求爱好或从事其他你感兴趣的事	从不	有时	经常/总是
• 阅读	从不	有时	经常/总是
• 照顾家庭	从不	有时	经常/总是
• 形象管理（化妆、美容）	从不	有时	经常/总是

如有其他，请写下来：

- ______________________________
- ______________________________
- ______________________________

▶ 资源：教育、工作、金钱

一般情况下，伴侣是否试图干涉你接受教育、工作或花钱？

• 否　　是

伴侣是否干涉你：

• 工作	从不　有时　经常/总是
• 职业发展	从不　有时　经常/总是
• 花钱	从不　有时　经常/总是
• 信用或信用记录	从不　有时　经常/总是
• 求学/学习新技能	从不　有时　经常/总是
• 乘坐交通工具	从不　有时　经常/总是

如有其他，请写下来：

• ____________________

• ____________________

• ____________________

▶ 身体机能与健康

一般情况下，伴侣是否试图操纵你的身体机能和健康？

• 否　　是

伴侣是否干涉你：

• 进食和体重	从不　有时　经常/总是

- 睡眠　　从不　有时　经常/总是
- 沐浴或使用卫生间　　从不　有时　经常/总是

伴侣是否阻止你：

- 服用所需要的处方药　　从不　有时　经常/总是
- 看医生　　从不　有时　经常/总是
- 锻炼身体　　从不　有时　经常/总是

伴侣是否强迫你：

- 服用你不需要的处方药　　从不　有时　经常/总是
- 喝酒　　从不　有时　经常/总是
- 文身或穿刺　　从不　有时　经常/总是
- 隆胸、抽脂、整容或其他整形手术　　从不　有时　经常/总是
- 中断心理治疗　　从不　有时　经常/总是

如有其他，请写下来：

- ______________________________
- ______________________________
- ______________________________

▶ 亲密关系

一般情况下，伴侣是否试图操纵你的亲密关系？

- 否　　是

伴侣是否干涉你：

• 性交	从不	有时	经常/总是
• 使用避孕套或其他避孕措施	从不	有时	经常/总是
• 接受特定的性交方式	从不	有时	经常/总是
• 拍性爱照片或录像	从不	有时	经常/总是

伴侣是否阻止你：

• 与他分手	从不	有时	经常/总是
• 谈论困扰你的问题	从不	有时	经常/总是

如有其他，请写下来：

- ____________________
- ____________________
- ____________________

▶ 孩子

（如果你们的关系没有牵扯到孩子，请跳过本部分）

一般情况下，伴侣是否试图操纵你与孩子的关系？

• 否　　是

伴侣是否妨碍你：

• 照顾孩子　从不　有时　经常/总是

• 为孩子制定规则　从不　有时　经常/总是

• 作出有关孩子的决策　从不　有时　经常/总是

• 向儿童保护机构举报　从不　有时　经常/总是

伴侣是否：

• 唆使孩子反抗你　从不　有时　经常/总是

• 威胁要举报你虐待儿童　从不　有时　经常/总是

• 威胁你分手就夺走孩子的抚养权　从不　有时　经常/总是

• 虐待孩子，然后将责任推到你身上　从不　有时　经常/总是

如有其他，请写下来：

• ______________________________

• ______________________________

• ______________________________

▶ 监视

一般情况下，伴侣是否试图监视你的一举一动？

- 否　　是

伴侣是否：

• 检查、偷看或撕掉你的信件	从不	有时	经常/总是
• 检查、偷看或删掉你的邮件	从不	有时	经常/总是
• 监控你的电话和手机使用情况	从不	有时	经常/总是
• 监控你的电脑使用情况	从不	有时	经常/总是
• 让你带上手机，以便检查你的状态	从不	有时	经常/总是
• 监控你在网络上的一举一动	从不	有时	经常/总是
• 检查你的衣服、钱包或你“犯错的罪证”	从不	有时	经常/总是
• 检查你的收据、支票或银行账单	从不	有时	经常/总是
• 搜查你的车	从不	有时	经常/总是
• 询问你外出时的细枝末节	从不	有时	经常/总是
• 不顾你的反对，强行录音或录像	从不	有时	经常/总是
• 监视、跟踪或尾随你	从不	有时	经常/总是
• 询问他人有关你的你一切	从不	有时	经常/总是
• 委派他人监控你	从不	有时	经常/总是

如有其他，请写下来：

- ______________________________
- ______________________________
- ______________________________

▶ 恐吓

一般情况下，伴侣是否为了让你服从而故意吓唬你？

- 否　　是

伴侣是否通过以下行为来恐吓你：

• 说脏话、直呼你的姓名或侮辱你	从不	有时	经常/总是
• 步步紧逼	从不	有时	经常/总是
• 扔、踢或捶打某个东西	从不	有时	经常/总是
• 摔门或跺脚	从不	有时	经常/总是
• 推搡你或将你一把抓住	从不	有时	经常/总是
• 将你关在房间或逼到墙角	从不	有时	经常/总是
• 跟踪你	从不	有时	经常/总是
• 长时间拒绝与你说话	从不	有时	经常/总是
• 通过不告而别来警告你	从不	有时	经常/总是
• 不顾一切地超速驾驶	从不	有时	经常/总是

如有其他，请写下来：

- ________________
- ________________
- ________________

▶ 威胁要伤害你

在这一部分，请根据伴侣对你的威胁进行选择。我们将在下一部分记录他的实际行为。

一般情况下，伴侣是否为了让你服从他而威胁你？

- 否　　是

为了让你服从，伴侣威胁要：

• 泄露你的隐私	从不　有时　经常/总是
• 让你在他人面前难堪	从不　有时　经常/总是
• 在网上与他人分享你的私密照片或信息	从不　有时　经常/总是
• 禁止你去你想去的地方	从不　有时　经常/总是
• 与你分手或离婚	从不　有时　经常/总是
• 让你破产	从不　有时　经常/总是
• 让你惹上麻烦	从不　有时　经常/总是
• 妨碍你上班或让你丢掉工作	从不　有时　经常/总是

- 让你居无定所　从不　有时　经常/总是
- 伤害你的身体　从不　有时　经常/总是
- 与他人发生性关系　从不　有时　经常/总是
- 强迫你接受你不喜欢的性交方式　从不　有时　经常/总是
- 毁掉属于你的东西　从不　有时　经常/总是
- 伤害或杀掉你的宠物或其他动物　从不　有时　经常/总是
- 带走或伤害你的孩子　从不　有时　经常/总是
- 自杀　从不　有时　经常/总是
- 杀你　从不　有时　经常/总是

如有其他，请写下来：

- ______________________________
- ______________________________
- ______________________________

▶ 惩罚你或真实地伤害你

一般情况下，伴侣是否惩罚你或真的伤害了你？

- 否　　是

伴侣是否做过以下的事来惩罚你：

- 说尖酸刻薄的话让你尴尬或侮辱你　从不　有时　经常/总是

- 泄露你的隐私　从不　有时　经常/总是
- 不告而别或不作解释就发怒　从不　有时　经常/总是
- 不让你回家　从不　有时　经常/总是
- 让你破产　从不　有时　经常/总是
- 使你惹上麻烦　从不　有时　经常/总是
- 妨碍你上班或让你丢掉工作　从不　有时　经常/总是
- 让你居无定所　从不　有时　经常/总是
- 破坏属于你的东西（故意）　从不　有时　经常/总是
- 让你的朋友或亲人破财　从不　有时　经常/总是
- 蓄意自杀或作出自杀的姿势　从不　有时　经常/总是
- 伤害你的朋友或亲人的身体　从不　有时　经常/总是
- 伤害你的身体（使你淤青、骨折或流血）　从不　有时　经常/总是
- 试图勒死你或使你窒息　从不　有时　经常/总是
- 在性交时伤害你　从不　有时　经常/总是
- 使你的人生充满恐惧　从不　有时　经常/总是
- 试图杀害你　从不　有时　经常/总是

如有其他，请写下来：

- ______________________________
- ______________________________
- ______________________________

上述列表并不完整，如有需要，你可以添加一些内容。注意，列表中的多数行为是违反法律的。

检查每个问题的选项，在你选择“有时”和“经常/总是”的题目中，哪些最令你不满？哪些最让你害怕？

- 你认为你的伴侣将继续这般对待你吗？（请记住，过去的行为是对未来最准确的预兆。除非出于某种特殊的动机，人们并不会轻易改变自己长久以来的行为习惯——尤其当这些行为能为自己服务的时候。）
- 你认为你的伴侣将更频繁、更严格地对待你吗？
- 你认为你的伴侣将停止那些使你困扰的行为吗？是什么使他这么做？
- 一直以来，你经历了什么变化？

与你信赖的人（例如你的治疗师、律师或最好的朋友）

讨论上述问题的选项。选择专业人员比选择朋友更好，因为面对朋友，你可能不得不有所保留。另外，试着记录这些问题，并把它放在安全的地方。如果你感到不知所措，请暂且搁置几天，或规定自己每天在特定时间、特定地点思考一会儿。一段时间之后，请把你的思考熟记于脑中，就像把它们放在你的衣服口袋一样。长此以往，你将渐渐找到方向。

杀伤力评估：死亡的风险

无论身体暴力是否存在，情感操纵下的受害者都过着苦不堪言的生活。研究表明，某种状态下女性被现任或前任伴侣杀害的可能性将增加。以下 6 个问题都与严重的身体危险有关。在任何一题中回答“是”，都表明你被伴侣杀害的风险比回答“否”的人大很多。然而，回答“否”并不代表你绝对安全。以下问题适用于现任或前任伴侣。

• 你的伴侣曾威胁要用武器来对付你？	否	是
• 你的伴侣曾威胁要杀了你或伤害你？	否	是
• 你的伴侣曾掐住你的脖子，使你窒息？	否	是
• 你的伴侣持续而强烈地嫉妒你？	否	是
• 你的伴侣曾用身体强迫你与之性交？	否	是
• 你的伴侣有途径取得枪支？	否	是

如果“是”的答案多于或等于一个，你就比其他情感操纵中的女性面临更大的风险，请向律师和警方寻求帮助，以保护自己的安全。

应对策略评估

即便身处情感操纵中，许多受害者依然试图尽可能地维持自己的自由、安全和家中的和平。尽管你承受着很大的压力，也请经常反省你做的每一件事。你有属于自己的安全空间吗？你有支撑自己的信念和事情吗？如果你育有孩子，请回顾你做了哪些事情，以保护他们的安全，为他们创造更美好的未来。想想你的长处，因为你不仅仅是受害者。下面是一段简短的有关应对策略的评估表，也许你做的比这些多很多。请注意，下方有一个选项是“希望能做更多”，这是为了帮助你记录和回忆自己为争取自由和更好的状态所做的努力。并不是所有策略都能长时间帮助你——有些能暂时使你感觉好一点，但长远看来，会使你的生活更加艰辛。

- 你和朋友仍保持联络吗？　从不　有时　经常　希望能做更多
- 你和家人仍保持联络吗？　从不　有时　经常　希望能做更多
- 你有爱好吗？　从不　有时　经常　希望能做更多
- 你是否加入了什么组织？　从不　有时　经常　希望能做更多
- 你每天有独处的时间吗？　从不　有时　经常　希望能做更多
- 你有很好地照顾自己吗？　从不　有时　经常　希望能做更多
- 你有短期目标吗？　从不　有时　经常　希望能做更多
- 你有长期目标吗？　从不　有时　经常　希望能做更多
- 你是否冥想或祈祷？　从不　有时　经常　希望能做更多
- 你尝试与伴侣探讨问题吗？　从不　有时　经常　希望能做更多
- 你用性来帮助伴侣平静吗？　从不　有时　经常　希望能做更多
- 你是否与治疗师谈论现状？　从不　有时　经常　希望能做更多
- 你是否在伴侣施暴时报警？　从不　有时　经常　希望能做更多
- 你有一项安全计划吗？　从不　有时　经常　希望能做更多

如有其他，请写下来：

- ____
- ____
- ____

结语

你可能想知道为什么这些问题更关注“不好”的一面，而不是好的一面。这是因为，许多操纵者都会强调关系中的“好”。例如，更稳定的经济来源、有利于孩子成长的稳定环境、和谐的性关系，以及那个简单又复杂的词——爱。这些优点被说了太多次，我并不想在这里让你再重温一次。不仅如此，无论这些优点有多好，你都有必要扪心自问，它们是否足以让你容忍不自由的感觉。只有你自己才能给出答案。

当然，夫妻间都是互相影响的，人无完人。比如说，我们常常见到夫妻中的一方因为另一方不承担家务而抱怨连连，他们越来越讨厌对方，因对方爱发号施令而不满，或者被强迫做自己不愿意却对他人或整个家庭有利的事。

这两者有什么不同呢？首先，我们要记住，情感操纵的存在是有一个范围的，它可能是轻微的，也可能是极端的、虐待性的，因每个人的忍耐能力而异。总的来说，情感操纵与其他关系的差异可归结为以下三点：孤立、恐惧和惩罚。正常的亲密关系中，我们是不应该觉得恐惧和被孤立的。无论何时，任何一方都不能用威胁或惩罚的方式来操纵对方。你的关系中如果有一方受到了威胁、惩罚或感到恐惧——就很可能属于情感操纵。

你选择继续还是结束当前的关系

什么能让你成为一个完整、自由的人？屈从于情感操纵的人很少思考这个问题，也许有人告诉他们这么问是自私的，但这是无法逃避的问题。每天多问自己几遍，看清自己的需求，将有助于你更快地实现目标。

除此之外，学会思考你人生中的大小问题——小到你最喜欢的食物，大到你如何规划自己的未来。情感操纵下的女性常被指责“想法愚蠢”，或者一发表意见就会惹伴侣生气，因此她们会放弃自己的主张，转而接受伴侣的意见，这会让她们逐渐失去独立思考的能力。无论你作出什么决定，试着重新去思考，才能成为完整的人。

- 若停留在关系中，你最担心什么？
- 若结束这段关系，你最担心什么？
- 哪种选择的可能性最大？
- 无论你如何选择，你能改变什么来达到最好的效果？

为了达到最好的效果，你能改变什么——无论你选择哪条路？

你或许很难回答上述问题，但这非常必要。我需要再次提醒的是，你可以找专业的咨询师、律师或可信任的朋友一起探讨。记下你们的讨论，并保存在安全的地方。

要不要结束这段关系？你仿佛站在了人生的十字路口。选择结束，你会感到五味杂陈——恐惧、悲伤、愤怒和迷茫。你太孤独了，你向所有人隐瞒了自己的苦楚。你感到羞耻，因为伴侣要求你这么做，因为你不想让他人对你们夫妻产生不好的印象。可是，如果你对朋友和家人有所隐瞒，哪怕只隐瞒一部分，就更难让他们理解你的遭遇了。

不被理解可能让你感到恐惧，他们不懂你为什么还要留在这段关系中，或者为什么决定分手，不明白这段关系曾经或现在有多好，更不知道有多坏。如果伴侣仅仅是操纵，却不存在暴力行为，你可能更难判断他的行为是否属于虐待。决定结束这段关系时，你可能担忧钱、孩子、房子、你的安全和其他各种问题，你不确定自己离开他后是否能过得更好，还可能因离开你的伴侣而充满负罪感。

你也许认为自己离开伴侣就活不下去，或者伴侣离开你就活不下去，结束一段关系非常痛苦，但随着时间的推移，痛苦会慢慢消散，新的机会又会出现。你不必非要待在那段被限制或需要小心翼翼的关系中，如果你已经尝试过挽救却没有成功，那么或许就是思考结束这段关系的时候了。

你的伴侣会挽留你，说你是他的唯一，想和你永远在一起；他也许会一再打压你的自尊，让你认为除了他，没有人愿意爱你；又或者，你担心自己再也不能这样深爱一个人了。当然，没人知道未来会怎样。但真正爱你的人会试着成全你，而不是把你拉入谷底。他们不会太为难你，而是告诉你你很好，即便不想失去你，他们也不会在你想要离开时选择伤害你。如果你决定结束这段关系，即使你感觉很糟，也并不一定是坏事，你有权决定你的人生，包括你的亲密关系。

如果你育有孩子，那么就将这种情感操纵的关系看作是人应如何与他人相处的典范。对他们来说这无疑是不好的，他们看到的父母应该是自由而完满的、始终如一的、同舟共济的。

> 玛格莉特（Margaret）决定离开丈夫，她忍受了丈夫多年的操纵和辱骂。一天吃早餐时，丈夫又如往常一样羞辱她，玛格莉特瞥了瞥孩子们。"为了孩子，我决定离开他，"她说，"就像我当初为了孩子选择继续与他在一起一样。现在我终于意识到，这只会给孩子作出错误的示范，我希望他们能有更好的榜样。"

第8章

如果你选择继续当前的关系

人们选择继续当前关系的原因有很多，面临选择时，你很难知道哪个是“更好”的答案。多年以后，当你回忆过往，你会为自己的选择而后悔吗？世界上没有先知，没有人能为你指出更好的路。需要指出的是，如果你身处情感操纵中，还有很多种方法能使你更安全。如果伴侣说他会改变，你也有很多方法来评估他究竟是否真的会付诸行动。

如何在当前的关系中自由安全地生活

被情感操纵的你也许依然决定留在这段关系中，至少现在是这样。这一章将为你提供一些方法，帮助你在亲密关系中更自由、更安全地生活。评估这些方法的可行性也许有助于你作出离开或留下的最终决定，因为有些关系的确改善了——你能看到操纵者真实而持续的改变，然而更多的关系则不能。

以下的建议均能帮助你学会坚持自己，从而生活得更安全。

- **确保在亲密关系之外，与他人保持联系**。如朋友、邻居和家人。
- **参加社会活动**。例如合唱团、读书会，这能防止你与社会脱节。
- **向专业人员求助**。如反家暴机构的律师、顾问或心理咨询师。在这里，朋友并不是一个很好的选择，因为你的朋友或许会出于个人的原因希望你们能在一起，或者因一遍又一遍听相同的故事而感到厌烦，无法给出客观的建议。另外，你或许因羞耻而对朋友有所隐瞒。请坦诚地与专业人员交流，也许他们能使你如释重负。

- **弄清你的财政状况**。有时候，操纵者将共有资产，甚至女性的个人资产都归到自己名下，如果此事已经发生，你又不打算分手，就请在确保自身安全的前提下纠正现状。可以与律师沟通，当地的妇女中心常常能为你提供很好的律师资源，他们能帮助你保护自己的权益。有些帮助甚至是免费的。
- **发展一些能让你经常外出的生活习惯**。比如丢垃圾、散步、买报纸或口香糖。如果你常被威胁，这些事情能成为你离家的借口。
- **给重要的通讯录和文件存档**。这能给你安全感。
- **列出你的目标清单**。例如，你打算一年内回学校读书，每两周去看望姐姐，一个月内开始申请工作，或者每天去散散步。目标无论大小，它们都很重要，请为你的目标标序号，在最重要的目标后面标上五角星，然后每天迈出一小步。可以与他人讨论你的目标，为实现目标设定计划，付出努力，幻想你实现它们的样子。可能的话，试着和伴侣聊聊你的目标，告诉他你需要他的支持。他的回答是很有价值的，他也许在口头上支持你，这很好，但更重要的是看他在行动上是否提供了帮助。又或者，他是否企图阻止你？

- **列出你的底线清单**。例如，如果你无法忍受伴侣施加的身体暴力，或者无法容忍自己在没有做错时被责备，请写下来。你的底线不是由你的伴侣、孩子、家人决定的，而是由你自己决定的。可以的话，和伴侣聊聊这个清单，看他如何反应。如果他严厉地说你这是在告诉他什么能做，什么不能做，就说明他不想改变。

法律并不能成为你所有的底线，因为伴侣可能不会做违反法律的事，不会打你，也不会偷看你的邮件，但仍然会很凶地抓住你，或者偷偷翻你的手机。你的底线清单并不是什么技术文件，必定有漏洞，如果伴侣试图做些你没有列出的事情，那么这些事就很值得你参考。这个清单宣示了你的个人价值，即使伴侣声称这都是出于爱，你也有权活在没有暴力、没有操纵的环境里。

- **按时评估你的目标完成度**。这可以帮助你确定事情是否正往好的方向前进。
- **试着寻找财政和子女抚养方面的法律顾问**。如果有一天你想离婚，这将帮你更好地处理相关事宜。

以上的许多建议都与建立“安全区域”有关，它也许是某个地方、某段关系、某种爱好，无论是什么，都能让你自由地做自己。

在关系中小心翼翼是很痛苦的，请确保你不是一个人在面对，从他人那里寻求支持，与他人保持联系，这将使你变得强大。

如何确定操纵者是真诚悔过

所有操纵者都能从自己的行为中获益，比如让伴侣害怕自己，或总把自己的需要放在首位，也许这能让他们觉得自己是被人爱的、是强大的，能永远把伴侣留在身边。

当然，有的操纵者是真的想改变。他可能会对伴侣和孩子受到的身体和情感伤害而深深懊悔，可能害怕被监禁，可能想成为一个不一样的人，可能他已经搞砸了太多珍贵的感情，可能他厌倦了生气、厌倦了孤独和被误解、厌倦了监视他人，可能他被自己的嫉妒榨干了，可能他还记得他最不想成为的那个人——他的父亲或者养父。总之，他已经做好了改变的准备。

以下是可供操纵者参考的改变的步骤。操纵者不能只挑选几项，必须按部就班地进行，为了更好地执行，他需要现任或前任伴侣的帮助，仅靠自己的成功率是很低的，这样也许能获得更好的成效。

操纵者需要：

- **确定他真的想改变**。操纵者是否想每天醒来后，都陷入同样的挣扎，感受同样的感受，以同样的方式伤害他人？只有足够坚定的决心，才能彻底改变。
- **为了自己而改变**。也许伴侣已下定决心与操纵者分手，也许已经离开了他，操纵者必须为了自己，为了更健康的关系而改变，而不是为了将伴侣留在身边。

- **不再责备其他人**。操纵行为并不是伴侣的错，更不是父母、老板或社会的错。即便是伴侣惹怒了他，操纵者的行为也都是自己的选择，必须为之承担全部责任。
- **参加暴力干预项目**。无论操纵者有没有侵犯伴侣，这些团体对操纵者都是有益的，项目中的补救措施对情感操纵很有效。许多参与者都没有成功地坚持下来，无论过程有多艰难，操纵者必须有心理准备，绝不半途而废。他需要每周进行一次会话，至少持续6个月，每次都必须到场，没有缺漏。项目的工作人员和其他成员都能帮助操纵者认清自己过去长时间所做的操纵和虐待行为。承担责任虽很困难，却能够让他如释重负。在团体中，操纵者还能学习如何信任他人，更开放地与他人交流（相比之下，愤怒管理项目持续时间短，通常适用于“脾气暴躁”或某次情绪失控后的男性，而非情感操纵中的操纵者及受害者）。
- **在思想上真正接受女性是一个完整的人**。他必须明白，伴侣的人生并不需要围着自己转，伴侣有自由表达的权利。

- **即便不愿意，操纵者也必须尊重伴侣的底线**。伴侣有权不听、不说、拒绝和他性交。当伴侣说“不”时，他就不能强迫她遵循自己的意愿。伴侣和他一样，也有权选择离开。
- **尊重伴侣的独立性**。伴侣有权选择朋友，保有隐私，在没有强迫、威胁、恐惧和惩罚的环境里自由地生活。
- **关系结束时，恐惧自然就会消散**。有的操纵者宁愿去死，也不愿和伴侣分开，所以才千方百计地操纵她，以防她离开。虽然操纵者可能心如死灰，但这毕竟不是真的死亡。操纵者必须明白，他有能力面对离别，如果命中注定如此，他也终将获得救赎。痛苦不过是暂时的，他终将迎来精彩的人生。
- **选择不同的行为方式**。他必须承认自己过去的所作所为，虽然他试图操纵伴侣或孩子，却并非要操纵生命中的每一个人。现在，他必须禁止自己这样对待亲近的人。

- **重新定义爱，不再以爱之名去嫉妒、去操纵**。爱是尊重、是友善，不是所有恶行的借口。
- **如有需要，接受滥用药物和酒精的治疗或心理治疗**。操纵者解决了自己的抑郁、焦虑、创伤或药物滥用问题，操纵行为可能会减少，却不会彻底消失。这些专业的治疗将有所帮助。操纵者必须直面这些问题，才有可能彻底地改变操纵行为。

为什么操纵者会决心放弃已成习惯的操纵行为？他能得到什么？我们从成功改变后的男性身上发现，他和伴侣过得更幸福、更完满，他们的关系也更牢固、更真诚，孩子不再恐惧，他们还能享受真正的友情，内心也更加平和。对于大多数操纵者来说，改变虽然很难，但故步自封也同样不容易。实际上，大多数操纵者都不觉得真正快乐。

怎样确定操纵者已经改变？

改变，说起来容易，做起来难。你的伴侣可能早已答应你要改变，但相似的承诺你已听了太多。或许他的确靠意志力改变了自己，却只维持了一段时间。持续而彻底的改变是项大工程，必定需要很长时间。

如果你和伴侣已经分居，或正打算分居，请记住，至少在伴侣有了明显且持续的进步一年后再搬回去与他同住。在这一年里，你享有自己的自主权，他必须尊重你，尊重你的决定，尊重你独处的需要以及与他人交往的需要。如果一年后你依然不确定自己是否想和他重归于好，请给自己更多的时间思考。过早的重逢可能会让你想结束关系变得更加困难。即使育有孩子，你也没有义务回到那段令自己不舒服的关系中，如果你轻易就回到他的身边，只是因为他让你别无选择，你就仍处在他的操纵中。

下方有两个列表，第一个列出了操纵者没有改变的表现，第二个列出了操纵者发生切实改变的表现，请你在评估关系时多读几遍。

操纵者没有改变的表现

- 否认自己过去的操纵欲有多强。
- 继续因自己的行为而责怪他人，包括你。
- 他需要你给他更多的机会——仿佛这是他的权利，

而非你的决定。

- 他声称你是唯一一个认为他做错的人。
- 他试图从你、你们的孩子和其他亲人、朋友身上博取同情。
- 他违背你的意愿，强迫你搬回来与他同住，或参加夫妻咨询，或做其他可以延续这种操纵关系的事情。
- 他拒绝接受心理治疗、暴力干预及药物滥用治疗。
- 他说没有你在身边、没有你的支持，自己就无法改变。
- 他威胁要自杀、对你暴力相向、夺走孩子或其他过激行为。

判断操纵者是否在改变，你要看他口头承诺之外有没有付诸行动。说永远比做要简单得多。上面的列表为你作出了警示，这些都是问题尚未解决的重要标志。

操纵者确有改变的表现

- 他愿意等你，直到你再次信任他。在你准备好之前，他不会强迫你。

- 他不会威胁你或吓唬你。
- 即使他不同意你的观点，也会尊重你、倾听你。
- 如果你不想进行身体接触，他会尊重你的意愿。
- 你有表达自己的观点、愤怒或沮丧的自由，且不会受到惩罚或被呵斥。
- 他不会阻止你陪伴家人或见朋友，也不会因你与他人联络而惩罚你。
- 他能够为自己的行为负责，而不会指责任何人，包括你。
- 他承认自己表现不佳都是故意的，而不是出于“坏脾气”或醉酒失控。
- 他想补偿过去对你的伤害。
- 如有需要，他想尽可能长地参与暴力干预组织或其他形式的治疗小组。
- 他很和善并尊重你，对你和孩子都细致入微，不再一味地要求和操纵。
- 他认识到自己有责任操纵情绪，而不是把怒气撒到他人身上。

- 他承认自己的错误，并勇于改变。
- 他认清过去的操纵行为，可以描述操纵行为对他人的影响。
- 他能指出过去为自己的行为辩护的方式，并了解它们是错误的。
- 他可以描述过去对权利的态度，并能从具有同理心的角度去看待权利。
- 他承诺会改变过去的行为方式，也明白这将持续一生。
- 他可以平和地听取他人的反馈和批评，没有发怒。
- 如果你决定结束这段关系，即使很伤心，他也能够接受。他了解到不能强求你与他在一起，他捍卫你做决定的权利。

如果操纵者真的决心改变，或接受了心理健康治疗或暴力干预小组的帮助，那么他就能停止使用身体暴力，至少有一段时间是这样的。看起来，他好像终于成功地被改变了，不再暴力。然而，操纵者也许只是改变了战术，却没有改变支配态度，他仍然试图用非身体的方式来操纵你。

等到最年幼的孩子长到18岁时，柏妮丝（Bernice）打包行李，搬去父母家，丈夫杰夫（Jeff）一直乞求她回来。几个星期后，柏妮丝答应，只要杰夫愿意去看心理医生，每周日做礼拜，不再打她、推她或抓她，她就搬回去。柏妮丝警告杰夫，如果他再对自己动手，自己就会永远离开。杰夫答应了，并开始接受心理治疗，柏妮丝终于搬了回去。起初，杰夫表现得很好，可很快就变了。虽然他接受了10次心理治疗，陪同柏妮丝去做礼拜，但两人的关系根本没有改变。杰夫依然对柏妮丝出言不逊，要求柏妮丝围着自己转，家中的一切还是由杰夫说了算，他虽然再也没有打过柏妮丝，但柏妮丝依然不安全，也不自由。

操纵者停止身体暴力并不代表自己的态度和习惯也随之改变，改变是非常困难的。

如果你的伴侣改变了很多，终于让你感觉足够安全了，那么请尝试与他讨论这本书。如果你不确定这么做是安全的，或仍然觉得他在测试和惩罚你，或者他曾无意间操纵或恐吓你，就说明他没有改变，你仍被他威胁。不要奢望操纵者可以轻而易举地改变，因为情感操纵的模式根深蒂固。操纵关系能为操纵者带来很多好处，你的伴侣可能还没想好是不是要彻底放弃它，或者根本没想过放弃。

第9章

如果你选择结束当前的关系

结束关系是一项重大的决定，作出此决定的受害者是恐惧而孤独的。本章将告诉你如何保证自己的安全，获得外界的帮助，以及当你提出分手时，你、伴侣、孩子及其他人可能的反应。

情感操纵下的关系经常是高度紧张的，几乎每一天的每一时刻，你都遭受着伴侣的操纵，对一些女性来说，在作出最后的分手决定前，暂时的分开是十分重要的。

许多受害者描述说，即使只离开操纵者很短的时间，他们也能看到生活的另一种可能。如果可以，请试着短暂离开伴侣，即使一开始只有几小时或一天，也是很好的。在你离开操纵者期间，请避免自己保持随时待命的状态，真正的分开时间才能帮助你更好地聆听内心的声音。

在打算结束关系前，你可以寻求哪些支持

评估一下，哪些朋友和亲人能够给予你支持，和你实话实说。找到他们，谈完后明确地说出你需要什么帮助。当然，并非所有的人都会给予你积极的反应。如果能够得到几个亲朋好友的支持，你将更有力量去活出自己。

一天，克拉拉（Clara）给姐姐默娜（Myrna）打电话，希望能去默娜家商量一些紧急的事情。到她家后，克拉拉将丈夫乔丹（Jordan）如何操纵自己的事情和盘托出，这些事她过去从未对任何人说过。得知真相后，默娜将克拉拉抱在怀里，号啕大哭。之后，姐妹俩一起商量怎样才能帮助克拉拉重获自由。她们决定，在克拉拉真的搬出来之前，要瞒着父母和其他亲戚，因为她们无法确定家人们会有什么反应。

默娜陪克拉拉去了当地的妇女中心，在一名律师的帮助下，克拉拉制定了一个安全的逃离计划。

克拉拉设立了自己的银行账户，并草拟了一份保证书，以备日后不时之需。在姐姐和律师的帮助下，克拉拉租住了附近的公寓，这样她的孩子们就不必换学校了。克拉拉在姐姐那里备份了自己的重要文件，包括这份安全计划。一次，趁着丈夫外出钓鱼一周，克拉拉带着孩子们搬了出去，虽然孩子们都很震惊，但克拉拉知道，这不仅解放了自己，也解放了孩子们。

入住新公寓后，克拉拉和姐姐把父母和其他亲友叫了过来，告诉了他们实情，并希望得到支持。看到克拉拉如此坚决，家人们只好妥协。两个兄弟陪同克拉拉回了家，这样她就不必独自面对外出回家的丈夫。三人一起把情况告诉了乔丹，并告诫他为了孩子，最好能好好配合。乔丹照做了，虽然他很不满、很气愤，却明白自己只有表现得好一点才能在日后见到孩子们。尽管乔丹从未对克拉拉施加暴力，却还是参加了暴力干预项目，这个项目帮助他认清了自己过去是如何操纵克拉拉的。此后，克拉拉和乔丹再也没有一起生活，但至少能够友善地相处，互相尊重，共同照料孩子们。

反家庭暴力机构

即使你的伴侣没有出现暴力行为，保障女性权益的相关机构也能够为你提供很好的帮助，他们能帮你阐释你的担忧和恐惧产生的原因，识别伴侣操纵你的方式，为你提供很多对你有益的相关书籍和影像资源，有些甚至还能给你提供法律建议，或提供可以求助的社群资源。

对情感操纵下的女性，反家庭暴力机构是最合适的。虽然表面上看，每个受害女性的情况不同，但细细研究就不难发现其中的相似之处。与其他受害女性交谈将使你更清楚地了解自己的情况。

治疗或咨询

无论是在妇女机构还是在其他社群，无论你是决定离开还是继续留在这段关系中，选择正确的咨询师或治疗师，并与之单独会谈，都对情感操纵下的女性有很大的帮助。要注意，有些治疗师对情感操纵不甚了解，或者两性观点与你冲突，请确定你找的咨询师是专业的，能帮你了解情感操纵，确保他愿意倾听你、相信你，能帮助你在会谈时减轻羞耻感，好的治疗师有很多方法帮助你恢复自尊。你也可以将这本书带去，请他读一读。

反之，一个不合适的治疗师可能认为关系中出现的问题都是你自己的错，他们建议你继续努力，或者逆来顺受，他们可能会忽略关系中的失衡，或者为之找借口。如果咨询师认为女性应不惜一切代价维护婚姻的完整，正如许多教条所宣扬的那样，那么他很可能低估了你现在所受的伤害。一旦咨询师不能为你提供帮助，请立刻叫停，寻找适合你的咨询师。

利亚（Leah）计划去见心理咨询师，每周一次，一共十周，这些支出都在自己的保险范围内。通过这个保险计划，利亚成功找到了一名咨询师，咨询师很支持利亚，这使利亚变得自信了些。在第四次治疗时，利亚终于将自己受控于丈夫达伦

（Darron）的事情全都告诉了他。可是，咨询师并不理解她的状况，只给出了一些没有操作意义的方法，这让利亚感觉很糟糕。当地妇女保护中心向利亚推荐了另一位咨询师，新的咨询师立刻抓住了问题的核心，给予她很多支持，并提供许多能帮助利亚摆脱操纵、获得自由的方法和资源。

传统的夫妻治疗和医学技术适用于能自由交谈、没有恐惧情绪的夫妻，该方法不但不能帮助遭受身体暴力和情感操纵下的女性，还可能具有一定的危险性，因为情感操纵中的一方是完全不自由的。受害者——通常是女性——需要单独会见治疗师或律师，获得针对她个人的支持。此外，操纵者通常能操纵夫妻治疗师和医务工作者，使他们相信伴侣只不过在责怪和抱怨他，让他们相信她过于偏执、过度情绪化，甚至试图操纵他人。如果你身处情感操纵中，却期望使用夫妻治疗或医疗技术来摆脱操纵，就无疑是将自己置于危险之中。

医疗帮助

有时候，向医生求助也许能帮助你摆脱情感操纵。请试着在寻求帮助前，理清自己希望得到什么，并告诉医生。例如：

- 你的身体曾在关系中受过伤吗？
- 你希望医生对你的淤伤进行记录，以便在未来进行法律诉讼吗？
- 你想接受性传染病检查或其他检查吗？
- 你怀疑自己怀孕了吗？
- 你是否担心自己的情绪？如果是，你需要药物治疗？安慰？还是咨询？
- 你是否因性而担忧？
- 你需要为你和你的孩子寻找庇护所吗？
- 你是否因压力过大而感到身体不适？需要治疗某个特定的症状吗？

医生应该关注家庭中的暴力和操纵情况，这是他们经常无意间忽略的问题。如果你需要这方面的帮助，请让医生了解当下发生了什么。我们常发现，受害者只向医生说明了虐待和情感操纵所造成的生理症状，却没有解释是什么原因造成这些。

> 在好几次年度体检中，埃琳娜（Elena）告诉医生自己有失眠、肥胖、性欲减退、抑郁和头痛的症状，却没有告知医生同居的男朋友逼迫她减肥，吵架时朝她脸上吐口水，直呼她姓名，不让她见父母，强迫她接受她不喜欢的性交方式等情况。医生在不完全知情的情况下，为她的每项症状提供了许多建议，这显然不能有效地帮助埃琳娜，因为她的问题是心理性的，而不是医学性的。

埃琳娜的情况十分普遍。受害者的身体症状，如消化问题、背部和颈部疼痛等都是由压力引起的，而引起这些不适的可能正是情感操纵。医生想要提供有效的帮助，就必须了解受害者的精神压力和身体状况之间的关系。因此，请告诉医生引起你身体问题的压力源，告诉他们全部的实情，你就不必接受昂贵却不必要的开销和具有伤害性的测试。

不幸的是，许多医生并不了解受害者的需要，因此在医生给出建议后，请自行评估这是否适合你。

即便你已经结婚了，医生也不能在未经你同意的情况下，将你的情况告知你的伴侣。如果你因此而担心，请再找一个不认识你的伴侣的新医生，以书面的形式写明，他们没有任何权力与他人共享你的就医信息。如果你用的是伴侣的医保，伴侣是能够查找到你的医疗记录的，他无法得知你与医生具体谈了什么，但能看到你的就医账单和医生的姓名。

向警方或律师求助

如果你打算结束这段关系，训练有素的警察可以帮助你保证自己的安全，评估哪些法律途径是可行的，并为你提供丰富的求助资源。但是，警方能做什么取决于你提供了什么信息。比如，关系中是否存在违法行为、你是否掌握切实的证据等。

孤身一人去报警并不是好的选择。反家庭暴力机构的律师可以帮助你尽可能地得到警方的积极回应，如果没有律师陪同，你至少可以找一个朋友当目击者，但是不要找情绪过于激动、过于气愤的人做目击者。

了解你所在地的法律法规（有些州有强制性的逮捕法），如果警方发现了家庭暴力等犯罪行为或迹象，即使你只是希望警方备个案，警方也必须实施逮捕。律师（或相关网站）能帮助你了解你可以采取哪些行动。如果你能预测举报后将发生什么、你将如何选择，那就更好了。比如，操纵者会被立即逮捕吗？警方能否在正式指控前发布临时保护令呢？

你向警方所描述的信息（你的陈词）将作为呈堂证供，是非常重要的。如果警方要求你在陈词的复印件上签字，请务必先细细阅读，一旦发现任何问题，都应在签字前改正过来。有时，警方希望把事件的影响降到最低，请你详细告知警方发生在你身上的一切，你遭受了哪些威胁，以及其他所有能解释你的恐惧和情绪反应的因素。同时，告知警方你对伴侣的所作所为有何感受。举例来说，如果你感觉窒息，快要活不下去，即使警方没有问，你也一定要说出来。如果你担心操纵者会伤害你们的孩子（正如他之前威胁的那样），也请一定说出来。如果你给出暴力和威胁的证据信息，如淤伤、破碎的家具、一通威胁性的电话或闯入的迹象，警方就能将其记录在案。

如果你没有在暴力发生时立刻报警，那就最好先向反家庭暴力机构求助，具体商讨安全计划，而不是直接打给警方。你可能并不愿意将这些告诉警方，至少现在不愿意，那么，一个安全的住所或一纸限制令将更适合你。

不幸的是，并非所有部门都能够处理亲密关系中的操纵和暴力事件，有些可能认为你缺乏相关证据，而没有把你当作受害者或遭受不幸的人看待；有些可能不够敏感，忽略了你的诉求。请找到负责反家庭暴力案件的警方，如果警方没有设置反家庭暴力部门，你需要联系部门主管，或请律师陪同，以获得最积极的回应。

律师通常对性暴力和家庭暴力有所了解，他们有的隶属于警方或检察院，有的是反家庭暴力机构雇佣的律师。会谈时，请记住律师隶属的部门，了解他们需要在保密原则上遵守什么职业规定。通常，反家庭暴力机构的律师只会与警方透露你许可的内容，而为警方或检察院工作的律师却无法为你所有的咨询记录保密。

反家庭暴力机构的律师与受害者和警方关系都很密切，他们精通当地的法律法规，可以帮助你了解诉讼的优点、缺点和最佳时机。他们需要尊重你的意愿，帮助你与警方取得联系，以提供最有效的帮助。

律师还能帮助受害者找到向警方、检察院和法律求助的最适当的方式，以便在起诉后获得最好的结果。

有些受害女性不想报警，因为操纵者就在上述部门工作，或者他们曾在求助时受到冷落。如果你处在这样的情况中，请联系反家庭暴力机构，在他们的帮助下寻找适合你的方法。

在提出结束关系时，操纵者可能会使用哪些手段

你可能很想知道自己提出分手后，伴侣会有什么反应。试着思考一下，他可能会如何反应。如果他经常嫉妒和威胁你，对你暴力相向，请你务必谨慎行事；如果他之前就跟踪过你，那么很可能会继续跟踪，甚至越来越严重；如

果他曾直接或间接地威胁你或他人的安全，请尽快报警，或联系反家庭暴力机构。请相信你对危险的直觉，毕竟你是最了解操纵者的人。

请做好心理准备，因为伴侣可能会千方百计地阻止你分手。如果他过去曾劝你改变主意，那么很可能会再次用相同的方法对待你，或者想出个新的法子。如果他在分手前就曾试图限制你的自由，那么现在他可能会变得更加极端。

如果继续操纵你会让他得不偿失，那么他就很可能同意你分手的提议，比如他找到了一个新的伴侣，或正打算离开你。然而，有些操纵者即便建立了新的家庭，或已经搬去与他人住，还是会继续伤害前任伴侣。有些操纵者能够熟练地利用现任来骚扰前任，他们欺骗现任，让他们以为自己的骚扰行为是正当的。如果他曾被执法人员警告过，或想维护自己的名誉，可能就不会纠缠你。当然，并非所有的操纵者都是这样。

帕特丽夏（Patricia）描述说，让男友米盖尔（Miguel）搬出自己的家是“极其漫长且困难的过程”，她试过很多次，都以失败告终。他常以自杀相要挟，会惊恐发作、陷入绝望、酗酒，会花很多时间跟踪她，甚至因此丢了工作，他的心脏问题变得更严重了，他会不断乞求她再多留一年、一个月、一周，甚至一小时。米盖尔并没有暴力行为，但当地反家庭暴力机构的律师依旧告诉帕特丽夏，她不必因米盖尔的问题委曲求全。

米盖尔失业两年了。在这两年里，他虽然已经找到了新的伴侣，却仍不停地骚扰帕特丽夏。他乞求她，朝她发火，甚至给她发淫秽的信息。最后，他在镇子上找到了新的工作，因为担心自己的名誉受损，米盖尔终于停止了他的骚扰行为。

有时候，操纵者企图用深情来挽回对方。他会送她花朵、巧克力、银行卡，写信来表达爱慕之情。但是，这些浪漫的举动总是夹杂着威胁。你必须试着拒绝这些浪漫的花招，拒绝他“做朋友”的提议。一旦你给他机会，就说明依然没有放下他，你要知道，一个曾经如此残酷地操纵你的人是不可能成为你的朋友的，与他保持任何联络都是在默许他继续纠缠你的行为。

如果你担心他会伤害自己，请通知他人，因为你没有责任照顾他。

在结束关系过程中，你需要做哪些准备

无论你是想分手还是想继续与伴侣在一起，安全计划对你都会有所帮助。反家庭暴力机构能根据你的目标，帮助你制定合适的计划，你也能在网上搜索类似的信息。如果你害怕伴侣，就不要在与他独处时宣布你的决定，或让他知道你的想法，请找其他能保护你的人陪同你。宣布决定只是第一步，你必须知道如何保护自己和家人。也许你并不担心自己受到人身攻击，但认真地制定一项安全计划能帮助你避免在关系结束后陷入无边的孤独。

如果你很难和伴侣沟通，就最好把谈话地点定在公共场所，比如公园或咖啡馆，避免这项艰难的谈话在家中进行，因为家里很容易有伤害你的武器，卫生间、厨房、停车库也是比较危险的地方，客厅通常安全一些，尤其当你

离门很近，较容易逃脱的时候。

如果你不想理会伴侣的反应，只想保证自己的安全，请迅速离开，并思考一下他的操纵行为是否遵循某种模式。如果是，你是否能根据该模式制订计划？请趁着他不在家的时候离开，尽量带上你最重要的财物，并叫上他人陪着你。

保护你的财产

你可能担心分手后的财务不再稳定。请记住，离开伴侣后，受害者的财务状况通常能随着时间的推移而有所改善，但这并不代表最初的不安全就不可怕了。如果你认为伴侣有侵占财务的可能，请你提前保护好自己。你最好注销掉你们共有的银行账户，用你自己的名义创建个人账户，更改所有账户的密码。即使你从未将这些告诉过他，他也依然可能知道你的密码是多少。如果你认为伴侣可能以你的名义转移财产，请尽早关闭共有账户。如果他已经侵占了你的财产，请向银行和律师求助，也许当地的妇女中心也能为你提供帮助。

对那些想要分手的女性来说，财务往往是个问题，尤其当他们要抚养孩子的时候。你可能需要申请政府的援助、向亲戚求助或找一个新工作。无论怎样，请相信，一切都会慢慢好起来。

试着在离开前就制定财务计划，这样你就能减少自己因财务压力而被迫回到伴侣身边的可能。

玛吉（Margie）在朋友那里买了二手的家居用品：床、毛巾、清洁用品和一些小物件，以便在搬家后派上用场。为了确保安全，她将自己最珍贵的首饰和重要文件藏在朋友家，这些帮助玛吉有底气向她的男朋友罗德（Rod）宣布自己将离开他的决定。玛吉特地叫来了两个朋友，当着他们的面宣布了自己的决定，罗德非常生气，却立刻被玛吉和她的朋友警告要保持冷静。玛吉预约了一辆卡车，当天下午就将她所有的东西搬了出去。一个朋友全程陪着罗德，以防他作出任何不理智的行为。玛吉的充分准备使她顺利地离开了操纵者。

为你的离开制定精密的计划，告诉伴侣这段关系结束了，整理你的行李，或让他搬出去，这些都不是简单的事，甚至可能是危险的。有些女性打算“先搬走”，再考虑财产问题，还有的净身出户，之后又懊悔没有把值钱的东西带走，只有你知道哪种方式最适合自己。擅长处理家暴事件的律师有丰富的经验，他们了解相关的法律法规，能给予你支持，能在你需要时帮助你获得警方的保护。

保护你的孩子

很多女性担心离婚后孩子和自己的生活将变得更加糟糕。短期看来的确是这样，但从长远来看，在快乐环境下成长的孩子一定更快乐。一个身心自由、关注自身需求、有充足的安全感的女性能成为更好的母亲。不仅如此，如果孩子亲眼目睹了家里的操纵行为，会误以为这是人与人相处的方式，并将之带到自己的关系中，毕竟，一个操纵伴侣的男性对待孩子的方式通常也是不妥的。综上所述，女性必须思虑再三，再决定自己是否应“为了孩子”而继续留在操纵者身边。

你需要帮助孩子面对家中巨大的转变。在刚离婚的时候，孩子通常会很生你的气，尤其当操纵者是孩子的父亲或养父的时候，因为母亲看起来更安全，孩子会经常将怒气发泄到母亲身上，然后继续试着取悦父亲，这种行为无疑是对母亲的伤害。

请允许孩子表达自己的情感——他们是否生气、悲伤和迷茫。如果他们直呼你的姓名或作出其他令你伤心的事，请直白地告诉他们这么做是不允许的，教他们善意地对待你，这对你和孩子都好。如果需要，你可以求助于擅长处理儿童问题和离婚的心理咨询师。如果孩子感到伤心，请安慰他们。如果他们感到愤怒，可能是因为需要安慰却不知道如何告诉你，或不愿意承认。有些女性能通过简单的举动平复孩子的愤怒情绪，比如给孩子留温馨的小纸条，主动向孩子表露情感，经常问孩子们做了什么、感觉怎么样。

与同是父母离异或分居的同龄人交流对孩子是有益的，有的学校或社群设有此类支持性的团体。如果你的孩子就读的学校有心理咨询师或社工，请进一步咨询他们是否愿意处理或处理过类似的情况。即便只是接受团体咨询，对孩子都是有好处的，有些妇女中心也会为孩子设置此类会谈。

有时候，与经历相似的其他女性交流对你也是有益的。请注意，没有哪种方法是万能的，如果他们给予你任何建议，都请评估一下对你是否适用，相信你自己的判断。

如果你的伴侣曾对孩子施加过暴力，或者你有理由担心孩子的人身安全，请向邻居、孩子的学校和其他家人寻求帮助，告知他们你在担心什么，让他们告诉警方他们察觉到的任何不寻常的事，如果可以，请他们与你的伴侣谈一谈。如果你将伴侣虐待儿童的事情告诉他人，那么他们很可能会向儿童保护服务机构举报，这么做也许能帮到你，当然，也有可能伤害你。

有些女性会自行向儿童保护服务机构举报伴侣伤害儿童的情况，这可能不是个明智的决定——许多女性反而会被儿童保护服务机构指责，因为他们认为她没有保护好自己的孩子。不过，在当代，儿童保护服务机构的工作人员通常有更渊博的学识，更能了解身处操纵和暴力下的女性。

如果你和伴侣的孩子还很小，离婚时就必须考虑抚养权和探视时间的问题，当地的反家庭暴力机构也许能帮助你。以下是一些注意事项：

- 如果你独自享有孩子的抚养权，但是法院允许伴侣进行某种类型的探视，你可以提出一些特殊的要求。例如，只进行监督探视，要求他在与孩子相处期间不能饮酒和服药，探视时有明显危险性的人不能在场……
- 选择折中的场所接送孩子，或要求其他人接送孩子，以避免他得知你现在的住处。
- 如果你持有保护令，或你认为孩子单独与伴侣在一起不安全，请选择在公共场所进行探视。如警局、餐厅或其他公共场所。
- 在极端的情况下，你可以向法院申请探视监督监察员，他们会安排接送孩子的地点，全程监察孩子的安全，有些反家庭暴力机构设有探视处，你可以选择在那里接送孩子或进行探视。
- 如果你有其他有关降低探视危险性的请求，请向法官提出来。

如果伴侣跟踪你

即使女性明确提出了分手，许多操纵者的操纵和羞辱行为也依旧不会停止。如果试图取得联络的行为是操纵者单方面的，就可以称其为一厢情愿（persistent pursuit），属于一种跟踪形式。它会引发被跟踪者的不安情绪，甚至深受折磨。一厢情愿通常会随着时间的推移而有所减少，平均持续两年。多数情况下，跟踪者是男性，受害者是女性。跟踪属于犯罪行为，已经逐渐得到了警方的重视。

通常，跟踪者尾随的方式五花八门。之前就很了解伴侣的跟踪者非常清楚怎么做才能伤害她，他可能通过伴侣的家人、孩子、朋友，甚至法院，在她的家里或工作单位找到她；可能主动联络她，散播有关她的谣言，跟踪她，给她发不雅短信；可能闯入她的家，搬到她的附近，入侵她的电脑，频繁地给她打电话等，这其中的许多行为都属于刑事骚扰或其他犯罪行为。

从伊丽莎白（Elizabeth）家搬出去后，内特（Nate）就开始了长达两年的跟踪。他在她的必经之路上撒花瓣，故意延长取走自己财物的时间，发送了无数封不雅邮件，尾随她，让她卷入法律案件，在镇子上散播她的谣言，当她试图制止他时敲诈她，他还闯进伊丽莎白的办公室，躺在她的桌子上自拍，并火速和她办公室里的单身女性约会并同居，然后以新女友的名义继续骚扰伊丽莎白。

回顾这一切时，伊丽莎白多希望自己能早点离开内特，切断与他的所有联系。在他们分手时，伊丽莎白仍然爱着内特，所以希望能表现得尽量“好”一些，她自幼被教导如此，以为能通过取悦内特来帮助他改变他的行事风格，她还生怕内特生气。最后，伊丽莎白终于听从了律师给的建议，忽略掉内特所有试图与她取得联络的行为。一段时间后，内特的行为变少了，最后终于彻底离开了她。

分手三年后，伊丽莎白在卧室的时钟里发现一个网络摄像头，这是内特在早年装上去的。警方检查后发现该摄像头已没有录音芯片。内特的行为无疑属于犯罪，其中包括跟踪和刑事骚扰。在警察的帮助下，伊丽莎白制定了一项计划，以应对内特再来联络她的情况。

有些男性在二人还没分手时就开始跟踪：跟着她从一个房间到另一个房间，再出门，入侵她的电脑，让她报告自己的行踪……幸运的是，法律开始越来越重视亲密关系中的这种跟踪行为。

受挫的操纵者还会试图破坏前任伴侣发展新恋情的能力。

得知前妻辛迪（Cindy）在婚恋网站注册后，汉克（Hank）在上面注册了许多账号，每个账号都故意用了对前妻有吸引力的姓名、照片和个人描述，然后伪装成他人和前妻聊天，约好见面时间，再放她鸽子，或者发送各种黄色信息，企图用这种方法来让她难过。汉克还入侵了辛迪的账号，向她的潜在追求者们发送信息。辛迪的约会频繁失败，这使她很沮丧，不得不注销了账号。

几个月后，汉克找到了新的女友，终于彻底离开了辛迪。最终，辛迪遇到了一个新的男人，花了很长时间才愿意信任他。

虽然跟踪属于犯罪行为，却很难被成功起诉。操纵者可能使用一系列的秘密战术，如在电脑上安装间谍软件，或在家中设置针孔摄像头。有的行为对其他人没有影响，但在受害者看来却是一种威胁。如果你被跟踪了，请尽可能多地留下证据，包括时间、地点、事件、可能的目击者及你和警方的所有联络记录。也许你现在不打算起诉，但万一你日后改变了主意，或情况变得越来越糟，这些资料就能帮到你。

跟踪行为可能深深折磨着受害者，以至许多受害者向前任妥协，与他们见面，看看是否还能做朋友，或者恳求他们放过自己。有的受害者甚至和跟踪者发生性行为，与他重新开始，以此来使他恢复平静，唤起他善良的一面，同时使自己更安全。不幸的是，这么做只会削弱你日后为了获得警方保护而付出的所有努力，跟踪者知道这些——因为这是他策略中的一部分。

在结束关系之后，身边人可能会有哪些反应

也许你的朋友、家人、同事、邻居无法理解你分手的决定，因为多年来，你一直隐藏着这些，假装一切都很好，伪装过得很幸福。操纵者是不可能在人前暴露自己残酷的一面的。可是一夜之隔，你就突然开始诉说你的遭遇和恐惧，外人很可能会怀疑你所说的究竟是否是事实。也许他们仍是操纵者的朋友，也许他们选择站在操纵者那边，也许在你分手时——至少暂时是这样——会失去很多朋友，也许他的亲戚（甚至可能是你的亲戚）会不再与你说话。这些都会深深地伤害你，但随着时间的流逝，伤害会变得越来越小，也许一些人会重新回到你身边。

艾达（Ida）的母亲非常喜欢女儿的第二任丈夫达明（Damien），当女儿告诉自己她要离婚时，艾达的母亲非常失望。达明比艾达大15岁，看起来温文儒雅，他们结婚时，艾达的母亲希望达明能好好照顾女儿和女儿与前任生下的孩子。可现在，艾达将达明操纵和羞辱自己的事情告诉了母

亲，母亲表面似乎理解了女儿，向她表达了同情，但实际上，母亲并不知道事情有多糟糕。艾达发现电脑中的间谍软件时，母亲只是说："你那么年轻漂亮，他只不过是嫉妒你罢了。"艾达发现达明发给自己的奇怪邮件时，母亲说："他只是在担心你。""他这是在故意吓我。"艾达解释说。虽然艾达的很多朋友都明白发生了什么，也支持艾达的决定，但艾达依然因母亲的不理解而难过。母亲坚持认为女儿误会了达明，认为达明的一切跟踪和恐吓行为只不过是因为他太爱她而已。

由于自身的局限，有些人永远无法理解和接受你的真实经历。虽然被那些人遗弃和误解非常难受，也请尽量不要因他们的阻止而感到害怕，相对地，也许有的人能出乎意料地接受你说的一切，并支持你。

当艾达和达明还在约会时，与艾达相识多年的朋友吉尔（Jill）和爱德华多（Eduardo）一直都在关心着艾达。他们经常一起聚餐、打牌。分手时，达明打电话给吉尔，指责艾达是个很糟糕的人，解释说自己所有的行为都是合理的。吉尔立刻打断了他，说道："我们认识艾达很多年了，不想听你说她的坏话，不要再打过来了。"之后，在吉尔和爱德华多的帮助下，艾达度过了被跟踪的两年艰难时光。

如果操纵者主动提出要结束关系

有的操纵者会主动提出要结束你们的关系，这可能会发生得很突然，没有征兆，或者已经暗示过很多次了。他对你的操纵已经持续很长时间了，现在他却将你推得远远的，这种行为一定让你非常痛心。

操纵者提出结束关系的方式通常很自私、很残酷，他可能厌倦了你，可能找到了更年轻、更富有、更顺从自己或者更合他心意的女性。你要知道，他的决定不过是自负和自私的表现——但这并不能代表你没有价值。

为了甩掉伴侣，许多操纵者都会尽可能地伤害对方——

比如指责或侮辱她、侵占她的财产、强奸她、违背她的意愿而致使其怀孕。虽然知道这段关系存在问题，但被抛弃依然极大地伤害了女性的自尊，使她觉得自己没有价值，甚至因此想自杀。但是，女性的态度会在一两年后转变，适应是需要时间的。

米里亚姆（Miriam）的丈夫迪尔克（Dirk）是一名外科医生，他们育有4个孩子，都不满6岁，最小的才2个月大。一天早上，米里亚姆醒来的时候，迪尔克已经不见了，只留下一张写着“再见”的纸条，米里亚姆惊慌失措，她发现丈夫透支了他们共有的银行账户，剪掉了她的信用卡，现在她必须独自一人照顾4个孩子。她后来才知道丈夫和医院的一个年轻姑娘私奔了，她非常伤心，不明白为什么丈夫没有留下一点钱，为什么让自己和孩子们的生活难上加难。尽管迪尔克几乎没有参与过孩子们的生活，却依然和米里亚姆争夺孩子们的抚养权。后来，米里亚姆获得了抚养权，迪尔克被判定期支付抚养费，但迪尔克不管这些，自行逃到了加拿大。米里亚姆独自照顾着孩子们，她在家里开起了日托班，尽管日子非常难熬，但通过自己的努力，米里亚姆为自己和孩子们创造了一个更幸福、更稳定的家。

操纵者离开后，女性可能觉得她再也无法好起来，这种状况可能会持续数小时、数天、数月。在这段时间里，向他人求助是非常重要的。

衷心希望你有足够的力量看到你未来可获得的自由，希望你能生活在一个安全的地方，希望你在这段艰难的人生旅途中有知己陪伴。

第10章

如何从情感操纵的伤痛中疗愈

缔结良缘时，两个人需要站在台上各自宣誓，才能成为一对佳偶。同样的，一段关系的结束也是十分郑重的。有些人分手很果断——我们可以认为这些人再也不会回头了，但更多的人分手是优柔寡断的，前进两步，再后退一步，直到这段关系彻底“结束”。

如果你身处情感操纵中，你会发现，从伤痛中痊愈需要花费一些时间。一开始，你可能会经历一些危机时刻，但随着时间的流逝，这种时刻会越来越少，直到你意识到你重新回归了自我，重新拥有了自己的人生。请想想那是种什么样的感觉，但这本来就是你应得的。不过在这之前，你必须度过一些艰难的时刻。

结束一段情感操纵关系让你欢喜让你忧

结束操纵关系时，你可能情绪混乱、五味杂陈。一方面，你感觉终于解放了，憧憬着更自由的未来——你可以自己做决定，与你喜欢的人交谈，规划自己的时间，这些无疑使你振奋。

但是，结束关系同样带来了悲伤和挫败。在这之前，你的人生看似是完整的，现在，诸如经济、探视孩子等问题纷至沓来，让你不胜其烦。即使是最好的分离状态也会像一场持续数月的危机，而且随着时间的流逝，痛苦虽会逐渐减少，却很难完全消失，即便多年以后也是如此。

你可能担心分离会给孩子带来负面影响。回忆起当初和前任在一起的时光，许多女性总会感到难过，怀疑自己当初是否在浪费时间，可自己分明有一段甜蜜的回忆，自己应如何与这些幸福的时刻共处呢？是把这些记忆抹去，就像在手机、电脑里删照片一样简单？可是毋庸置疑，这些记忆——无论是好是坏——的确在生命中留下了印记。

想起曾经被伴侣折磨的日子，你可能感到羞耻，这种羞耻感往往源于操纵者的操纵，是能被克服的。你可能想知道，自己为什么在这段关系中停留了这么久？你担心前任会再次纠缠你，纠缠你的孩子或其他你爱的人。为了搞砸你的生活，前任可能窃听你的电话、窃取你的信息、监视你在家中和工作场所中的一举一动，或发送奇怪的信件。

也许你认为将操纵者留在你的视线里更加安全，因此不敢与他彻底断绝联系。和许多女性一样，你可能会以“朋友”的身份与前任继续交往，或者依然觉得对他负有责任，认为“保持联系”能避免他生气或作出什么危险动作。可是，大多数这么做的女性都会发现，与操纵者友好地相处只会打开一扇更加危险的门，自己更容易被伤害。你最好将你们的联络降到最少，如果你们没有共同抚养孩子，请试着与他彻底切断联系，这对你们都有好处。

在结束关系后的一段时间里，请多多关注你思想中不幸的一面，这能避免你再次落入前任的操纵，这段时间不是你翻看过去的照片、回忆幸福过往的好时机。

对有些女性来说，脱离操纵关系会使她们不知道如何自处。

分手后，艾丽西娅（Alicia）感觉生活失去了

方向。当她和乔治（George）在一起时，她知道自己的主要目标就是使他快乐。尽管这很令人沮丧，但她的生活至少有个目标，可当她彻底无法忍受而与乔治分手后，她感觉自己的生命毫无意义，惶惶不可终日。

正如艾丽西娅一样，你可能感觉自己失去了人生的目标，曾经和伴侣制订的计划失效了，未来画上了巨大的问号。你要知道，你最终会制订新的计划，你需要花些时间，才能重新找到方向。你可能承受着彻夜的焦虑、睡眠不足和饮食过量，在这尤为艰难的阶段，你可以向心理咨询师寻求帮助。

请记住，你与操纵者的分手决定没有任何错，这是你的权力，即使你的前任因此而生气，你的孩子因此而不安，你也有权决定自己的人生，请多想想自己的需要，自己要怎样才能痊愈。

即使操纵关系已经结束，许多女性在想起与操纵者有关的事情时也会有强烈的感受。有的女性发现在新男友询问她下午在哪儿时，自己会突然暴怒，还有的女性会在男性同事提高嗓门时失声痛哭。

苏西（Suzy）依然因加班过晚回家而感到焦虑，虽然她知道前夫杰里米（Jeremy）再也不能出现在家里对自己大喊大叫了。苏西还保留了与杰里米共同生活时留下的严苛习惯——她总是把前夫常用的水槽清理得干干净净，在睡觉前小心翼翼地将衣服叠好。苏西觉得这些行为并不是自己的，而是杰里米强加在自己身上的。她花了很多年，才学会忍受没有遵守杰里米的要求所带来的恐惧和不适。过了很久，苏西终于能遵循自己的期望，而不是遵照杰里米的意愿，将屋子打扫得整洁干净了（或者就让它一团糟）。

从操纵关系中彻底解脱是缓慢而坎坷的过程，有些女性在听歌、看电影或与朋友交谈时会变得十分情绪化。请对自己耐心一点，相信这一切都只是暂时的，你的情绪会再次变得稳定。

原谅

有时候，家人、朋友会强迫你原谅曾经伤害你的、操纵你的人，他们将此称为“道德责任”。这可能让你感觉自己会再度受控，因为他们在告诉你应该如何思考和感受。请温和地告诉他们，你有自己的节奏，有权拥有自己的感受，即使你的原谅要花很长的时间，甚至决定永不原谅，也不应该被任何人强迫。有些事情是永远都不可能被原谅的，即使选择不原谅，你也能彻底地痊愈。通常，你需要花上几年的时间才能真正原谅操纵者。

操纵者很少真诚地承认自己做错了，他们更多的是在要求你原谅他们，或者表现出的“对不起”实际是不再对你的伤痛负责的意思。你有权对自己身上发生的一切感到愤怒。

在一些案例中，操纵者可能承受着巨大的痛苦，甚至自杀或死亡。这时，人们可能劝你原谅对方，因为这能使他成为更好的人，他们希望一切都能“回归正常”。但是，你要知道，操纵者完全可以在没有你原谅的情况下自我成长，不要认为自己有义务照顾他们。你可以问自己这些问题：

- 原谅操纵者，你能收获什么？你要承担什么风险？你做好原谅对方的准备了吗？
- 他真的感到抱歉吗？你怎么知道的？为了传达歉疚之意，他付出了哪些努力？这和他过去多次要求你原谅有何不同？
- 他的歉疚已经持续一段时间了吗？他们歉疚中是否夹杂着愤怒和霸道？
- 他明白自己是如何伤害你的吗？还是仅仅因为失去了你而感到遗憾？换句话说，他感到悔恨是因为自己错了，还是因为失去了一段自己喜欢的恋情或生活方式？
- 他是否试着弥补自己对你（和孩子）所做的一切？当然，没有任何东西可以“补偿”你多年承受的痛苦。然而，有的操纵者真的感到抱歉，也确实试图作出真正的牺牲，来弥补自己过去的罪行，以使他们的伴侣和孩子能生活得更舒适。

即使你的前任真诚地表达了悔意，想要作出弥补，他也不应该要求你作出任何行动——包括要求你原谅他。即使他深感抱歉，并已经作出改变，你也无需对他负任何责任。

原谅并不意味着愿意与操纵者重归于好。有些女性认为“惋惜”比“原谅”更有用，他们惋惜自己的恋情并不美满，惋惜自己的生活没有如憧憬般美好，惋惜自己的美梦因他人的不尊重和不善良而破灭，甚至惋惜操纵者在分开后表现不佳。但无论如何，你不应因此感到内疚，记住，是操纵者的行为导致了你们的分离。

多年以后，也许有的受害者决定原谅操纵者，因为这能帮助自己更好地面对之后的生活和感情。但这种原谅是私下的，或者仅仅与你的治疗师或密友分享，将这些告诉操纵者是有风险的——这可能使他看到重新操纵你的希望。无论你是否决定原谅，你的决定都应关乎你自己——而不是操纵者的人生。

找到适合自己的疗愈方法

每个受害者都有自己的疗愈方法，没有什么方法适合所有人。以下建议也许对你有用，无论如何，找出适合你自己的方法！

- **重新做操纵者禁止你做的那些事**。例如，丽莎（Lisa）的伴侣禁止她骑自行车，结束关系后，丽莎买了辆二手自行车，每次骑车，她都有种自主感。辛西娅（Cynthia）的丈夫不让她化妆，分手后，她邀请朋友帮她挑选口红和眼线笔，慢慢重新学会使用它们。
- **与操纵者曾试图让你远离的家人和朋友重建关系**。列出你已不再联系的名单，看看哪些能重建关系。请注意，不要过早地和前任伴侣联系。
- **与支持你的人交往**。请与让你对自己感觉良好、能够提升自己的人交往，试着远离那些让你感觉很糟糕的人。
- **整理你的财务**。如果你存有操纵者送的衣服、书籍、财务或其他东西，扔掉它们或转送他人也许对你有利。很多人无法一次完成，但每一次的处理，你会感觉越来越自由。

- **接受心理咨询和治疗**。这能帮助你了解过去的这段关系，也能帮助你直面接下来的挑战，让你更少地感觉孤独，更有效地提升你与他人的关系。
- **成为社会活动活跃分子**。被聆听将使受害者变得更强大。例如，很多城镇每年会举行“夺回黑夜”的游行。在这些游行中，人们会宣告女性在非暴力环境下生活的权力。在参加这些活动和社区教育时，受害者能感到自己被他人关注，被赋予特别的力量。
- **有创意地表达自己**。你是否喜欢跳舞、写作、绘画、园艺、唱歌、下厨？找到一个表达你自己的方法。也许是因为伴侣的指责，也许是因为他们太惧怕表达自己的真实感受，也许他们太忙着关注伴侣的需要，许多受害者在关系中都已将这些搁置一旁。离开操纵关系也许能解放你的艺术天性，请试着去寻找出口。

- **通过锻炼重新掌控对身体的主宰权**。试着去做你过去喜爱的那些事情，或者做些新的尝试。散步、瑜伽、跳舞、减肥、在烹饪时听广播——锻炼身体能使你再次感受到活力。
- **考虑做一次体检**。你是否在关系中忽略了自己的身体状况？你是否存在尚未解决的健康问题？你是否应该接受性传染病筛查和检查自己的受伤情况？你是否想放弃一些不健康的生活习惯？请向医生咨询，让他们协助你变得更好，这会成为你疗愈自己的一种方法。
- **列出你所经历的操纵事件和应对策略**。你可能无法一次写完，请随时补充这份列表。当你怀疑自己的记忆或对某件事情的解释是否准确时，可以翻出列表看看。这份列表还能使你对经历这一切的自己有所感恩，看到自己有多强大。
- **请乐观一点，相信终有一天，你能恢复**。即使它不如你想的那么快发生。
- **请对自己好一点**。在结束关系后的一段时间里，你可能依然能在脑海中听到操纵者的声音，它也许告诉你你做什么都不对，你太愚蠢、太丑陋。你需要主动将这些替换成更善意的声音，如果某件事你做得很好，哪怕这件事再小，也要告诉自己：“干得漂亮！”如果事情没有你想象中那么完美，请告诉自己：“这是我学习的过程，没有人是完美的。”

- **请对自己耐心一点**。彻底的痊愈可能会花很长时间。
- **更关注你自己**。尽可能多地问自己：“我现在感觉如何？我现在想做什么？”当然，你并非总能做自己想做的，但至少，在你那么久地关注他人的需求之后，你要清楚地知道自己喜欢做什么。多做那些让你愉悦和对你有益的事情。
- **更多地向前看，而非向后看**。为自己展现出的勇气而骄傲，憧憬一个充满爱与自由的未来。
- **尽你所能地与操纵者彻底切断联络**。这样他就无法再操纵你。
- **在感觉对的时机，分享你的故事**。这能帮助你处理过去的经历和感情，还可能产生积极的影响。例如，如果老板了解你的境况，操纵者就不能那么容易地在工作上伤害你；如果你将这些告诉朋友，他们可能更加了解你，更好地支持你。你需要评估自己是否安全和感到舒适，确保只和支持你的人分享你的故事。

如何投入一段新的亲密关系中

情感操纵中的受害者通常需要花很长时间才能再次真正信任他人，但有些女性在上一段关系结束后不久，就会迅速开展新的恋情，因为她们怀念亲密、陪伴和安全的感觉。如果你没有做好准备就开始新恋情，那么这段关系很可能是失败的，虽然许多女性都明白这点，却因渴望被爱和被保护，而义无反顾地投入到新的关系中。

如果你是情感操纵的受害者，当遇到一个可能的新伴侣时，你需要问自己：这个伴侣是否有操纵行为？以下是一些可以参考的问题：

- 你认为你有义务花更多时间与他在一起吗？
- 他是否让你在还没准备好的时候就作出承诺，比如只和他约会、同居、结婚或生子？

- 他是否有意掌管你生活的各个方面，例如你与父母的关系、你的家庭或财产？
- 他是否将你当作更低等的人对待？
- 他是否太过于想要说服你的孩子、父母或朋友？
- 他曾经伤害过你的身体吗？
- 他在性交时知道自己弄痛你了吗？
- 他的占有欲和嫉妒心强吗？
- 当你说“不”的时候，他是否想要强迫你接受？
- 他曾让你感到害怕吗？
- 他是否滥用酒精或药物？
- 他是否缺乏同理心？
- 他尊重别人的意见吗？
- 他是否经常无视自己的行为对你和他人的影响？
- 他是否将自己的行为归咎于他人？
- 他是否对你的前任出言不逊？
- 一般情况下，他对其他人好吗？
- 他是否忽视你的需求？
- 你是否感觉被困住了？

• 他让你无地自容吗？

如果你对上述任何一个问题的回答为“是”，你的新恋情就可能面临一些麻烦。也许你的新伴侣正在操纵你，也许过去的操纵关系让你习惯了忽略自己的需求，没有明确表达自己想要什么。请试着让新伴侣知道你的需求和愿望，看他如何反应，这也能帮助你判断他是否是对的人。

新伴侣必须尊重曾被情感操纵的你，尊重你需要比其他女性更多的时间和独处空间。如果他想成为好的伴侣，就必须学会尊重你的界限。

也许你的新伴侣还想攻击曾经伤害过你的人，虽然他的愤怒可以理解，但从长远来看，他冲动之下的言语或身体的对抗并不能帮助你，甚至会将你置于危险之中。请多鼓励新伴侣，让他关注如何帮助你，而不是去伤害曾经伤害过你的那个人。

第11章

如果你身边有人深陷情感操纵关系

看到朋友、亲人、客户或病人在情感操纵中备受折磨，一定会让你痛苦。你也许想帮助受害者脱离苦海，或者恨不得惩罚操纵者，或者太过沮丧想一走了之，又或者悲痛交加、掩面而泣。无论如何，你要知道，操纵关系的形成并非一朝一夕，想帮助受害者脱离这段关系，需要你长期的努力和援助。

如何为被操纵者提供有价值的帮助

操纵关系各有其起伏规律。一方面，在感受到关系中的紧张气氛，或经历了一些特别糟糕的事情后，受害者更期望能够开诚布公地谈论这些问题，并作出相应的改变。另一方面，当操纵者表现出抱歉、悔恨，并尽一切所能地示爱，以求挽回的时候，受害者又不愿意公开谈论关系中存在的问题，也不想结束这段关系。

请记住，在操纵者的持续伤害和孤立之下，受害者的自尊会受到严厉的打击，她可能承担着超乎想象的风险，她在现实和网络上的一举一动都可能被监控，你不能“强迫”她在没准备好的时候打破现有的模式，追求自由，因为这么做可能会将她（甚至可能也包括你）置于危险中。以下的建议也许对你有帮助：

- **以一种客观的方式让她知道你在关心她**。随着时间的流逝，如果你和受害女性足够亲近，请在确保你们的对话未被监控的前提下，向她表达你的关心。
- **问问她你可以做什么来提供帮助，而不是全盘接**

管。你可以帮她的生活变得更容易一些，让她更有力量一些。言出必行，请不要承诺你能力范围之外的事情。

- **不要告诉她该怎么做**。记住，她最清楚自己的处境，比任何人都有能力评估自己的安全情况。
- **耐心地倾听，不要一股脑地抛出许多问题**。她可能对自己的某些经历感到羞耻，她可能要花很多时间才能和他人分享这些痛苦的经历。
- **如果她有足够安全的地方来存放此书，将这本书送给她**。如果合适的话，可以问问这本书如何帮助了她，温和地与她分享你的观点。
- **允许她表达自己的各种感受**。她可能还爱着操纵者，相信操纵者也依然爱着自己。她可能仍然依赖着对方，担心自己一个人不能生存下去，甚至她可能会担心操纵者过得不好。请告诉她这些情感都是正常的，会随着时间的流逝而渐渐变淡。即使你觉得操纵者是个一无是处的混蛋，也不要过于强烈地批判他，否则受害者可能再也不敢将她对操纵者的感情告诉你，或者因你如此严厉地批评她的爱人而心生怨恨。请记住，她有可能回到操纵者身边，如果她真的这么做了，也请让她觉得与你在一起是舒适的。

如果受害女性已经完全在伴侣的操纵之下，那么现在你能做的就很少了，只需要与她保持联络，礼貌地帮助她认识操纵者言行不一的事实。毕竟，她所经历的事情可能比告诉你的要多得多。

如果你是被操纵者的亲人或朋友

亲人和朋友的帮助对情感操纵中的受害者极其重要。你有最好的机会与受害者保持社交联络，也最能帮助她获得更好的自我感受。请守护在她的身边，提醒她在操纵关系之外，她可以生活得更好，帮助她记住和形成自己的观点和视角，你的关心能帮助她感觉自己是有价值的、不孤独的。帮助她体味一个自由人的生活，当她感觉更有价值、更有力量时，你也就抵消了操纵者传递给她的一部分负面影响。

你可能非常珍视你的朋友，但给予她太多建议并不是一个明智之举。专业人员每天都在处理各种各样的情感操纵事件，他们也许能提供很多有关制订安全计划的建议。举例来说，很多人建议朋友去申请限制令，但对有些受害者来说，这是非常危险的，可能会引发更多、更严重的暴力。

请鼓励你的亲人和朋友，去当地的妇女机构或反家庭暴力服务机构寻求专业的帮助。如果受害者愿意，请陪她参加人生的第一次会谈，允许她和工作人员单独交流，如果你们所求助的心理咨询师十分擅长处理情感操纵的问题，那么会谈还能有效缓解受害者的焦虑或抑郁症状。如果受害者感到恐惧，那么就有报警的必要。总之，这些选择都应由受害者本人作出，而非你强迫所为。

如果受害者育有孩子，她很可能会担心自己离婚后是否能很好地照顾他们。如果你能提供具体的帮助——例如帮她做家务、照顾孩子或给予经济支持，请明确地告诉她。如果你能让孩子和你住一段时间，也请说出来。再次强调，不要提供你能力范围之外的援助。

如果你是操纵领域的专家

你也许帮助过很多类似问题的受害者，却从未将之贴上“情感操纵”的标签。无论你是在执法部门、社会服务机构、心理健康机构或医疗部门就职，以下问题都能帮助你判断情感操纵是否真的存在。当然，你需要在保密性较强的场所询问你可能的受害者。

- 有人在操纵你吗？
- 有人在伤害你吗？
- 你是否感觉被人威胁？
- 你害怕将这些说出来吗？
- 我要怎样帮助你？
- 你需要什么？

如果你在社会服务机构、心理健康机构或医疗部门就职，还可以问以下问题：

- 你感到孤独或被孤立了吗？
- 是否有人在监视你的行踪和一举一动？
- 你觉得自由吗？如果不是，为什么？
- 有人正在操纵你吗？
- 有人让你感觉自己很糟糕吗？
- 亲密关系会损伤你的健康状况和健全的人格吗？

专业人员有时很难理解操纵者对受害者施加的心理操纵，警察和其他急救人员通常对家庭暴力电话感到越来越迷惑，因为操纵者虽然发出了真实的威胁，但他可能表现得比受害者更冷静，因为他并不感到恐惧。

虽然一些受害者的逻辑混乱，不被他人理解，但她经常是评估和降低自身风险的最专业的人。她可能通过与操纵者保持或恢复联系，来安抚他的情绪，减少他的威胁行为。

在多娃（Tova）和托尼（Tony）相处的多年里，托尼的操纵欲一直很强，有时还有暴力倾向，甚至跟踪多娃。分手后，多娃忽略了托尼所有的电话、信件、邮件和短信。一天，多娃的父母打电话来，说托尼出现在家里，威胁要“炸掉整个房子”，除非他们去做多娃的思想工作，把多娃“叫回家来”，多娃只好立刻打给托尼，让他离开自己的父母。这件事情之后，托尼找到了让多娃立刻回应自己的方法——以她的父母相要挟，他渐渐开始用这种方法骚扰多娃身边的其他人。

受害者因为受到了操纵和威胁，很难配合专业人员调查和起诉。她可能选择继续和操纵者住在一起，将这当作最安全的方法，她还可能原谅操纵者的所作所为，相信这一切都是操纵者口中的“爱”。

我们不能责备受害者，因为有时候，专业人员只是从自己的视角出发，误解了受害者，他们只看到一个半路逃跑的女性被操纵者跟踪，并责怪受害者没有跑得远远的。

社会和法律常常不能从根本上保护受害女性。在暴力事件发生后，很多施暴者被逮捕，又迅速被释放，他们怀着更强烈的愤怒回到家，后果难以想象。此外，试图立案的受害者通常需要等上好几个小时，被责问究竟做了什么才挑起了这场“战争”，或者被告知“无法立案”，因为没有任何证据证明发生了身体虐待和跟踪行为。试图寻求帮助的女性在录口供时，会突然发现自己都在回答“为什么没有好好保护孩子”相关问题，她受到了责备，却没有人愿意去责备操纵者。

警察、法官、治疗师和儿童监护权的评估员常被操纵者更为冷静和理性的表象所迷惑，相比之下，受害者显得沮丧、恐惧、激动，乍看上去，这是一幅“好男人和疯女人”的画面。受操纵者蒙骗的治疗师、医生和社会工作者反而将女性贴上“歇斯底里”“受虐狂”“过度情绪化”，甚至“操纵狂”的标签。事实上，专业人员常常无意间站到了操纵者一方，这进一步加深了受害者的孤立。

擅长家庭暴力事件的律师每天需要处理各种情感操纵和身体暴力的案件，他们通常很清楚操纵关系的动力机制，可以帮助受害者在关系中生活得更自由，如果有必要的话，还能找到脱离这段关系的安全方法。

专业人员通常认为自己提供的帮助是最好的，常忍不住告诉受害者应当如何做。对局外人来说，事实是显而易见的：受害者应该离开这段关系、提出诉讼、与操纵者切断所有联系等，但你不能告知受害者应做些什么，因为这样无疑是对她施加了另一种形式的操纵。受害者比任何人都了解这段关系的复杂性和危险性，我们必须搞清楚“帮助”和“接管”的区别，避免越界。最好的帮助是在相互尊重的基础上提出问题，提供求助资源和建议，允许受害者自行作出决定，如果你尊重她的选择和判断，你就是在帮助她重建自信、重获主导自己生活的能力。

我们要明白，跟踪行为是非常可怕的。许多跟踪行为有多种解释，在外人看来，这些行为可能是“无关痛痒”的，只有受害者自己才知道其真正含义。举例来说，如果跟踪者在前妻的车里留下了一朵玫瑰或爱的纸条，乍看起来是非常浪漫的举动，但实际上，跟踪者是在宣布自己知道她在那里，他有能力轻易地触碰她的财产，当然还有一点：自己不接受她分手的决定。

我们必须认真地对待受害者关于跟踪行为的描述，即使它们看起来难以置信或不太可能。她可能声称在夜里听到某种声音、家中或院子里的某个东西出现又消失、电脑运行异常、没有订购的物品被送到家里、朋友突然不再和她说话。受害女性知道这听起来很疯狂，经常十分犹豫是否要将这些告知他人。我们必须记住，有的操纵者是很擅长将受害者弄得很疯狂的，因为这也是他们的操纵策略之一。

现代科技随时都能成为跟踪的手段，曾经的不可能正在变为可能。看起来没什么异常的数码时钟可能被安装了微型摄像头，电脑上的网络摄像头可以远程被激活，在手机上安装窃听装置也变得很简单，多个程序可以在同一时间监控受害者的一举一动。我们甚至无法想象明天又会诞生什么新的科技。如果受害者说自己被操纵者监控和跟踪，这很可能不是空穴来风。也许相关的科技的确存在，或者操纵者换了一种受害者还没搞懂的方式，又或者长期的操纵已使受害者的思想扭曲，以致她相信没有什么是操纵者办不到的，甚至认为操纵者能通过她的牙齿来窃听她的谈话，或读取她的思想。

如果受害女性和操纵者育有孩子，情况就更加严重，因为监护令很可能与保护令有所冲突，这为操纵者实施跟踪提供了途径。

专业人员常常忍不住去创立定义受害者“好”和“坏”

的标准。一个“好”的受害者应该是可爱的、善于表达的、善良的、女性化的、友善的、软弱的、感恩的和服从权威的，而不满、愤怒、交流困难、缺乏吸引力、质疑权威的就不那么值得他们去帮助。我们必须记住，最无力求助的往往正是最需要我们帮助的，我们的工作需要极大的耐心和理解，以及对受害者的真正倾听。所有受害者都值得我们付出时间和努力来提供援助。

后　记

虽然法律和社会服务机构并不都能雪中送炭，却能在保护弱者免受身体暴力这件事上提供有效的帮助。可是，身体暴力并非亲密关系中唯一的危险因素，我们必须清楚，任何将明显的身体暴力替换成其他具有伤害性的情感操纵手段的行为都是不被允许的。

女性有独立和自由生活的权力，当一个女性被孤立时，她必须全身心地服从和取悦操纵者，她的遭遇就不仅仅是个人的，更代表着社会功能和社群功能的缺失，这是整个人类的失败。

虽然男性通常只对同性施加暴力，但想要彻底消灭男性对女性的暴力行为，就必须直面“暴力”话题。无论是否成年，男性都必须学会在人际交往中肯定自己，在关系中取得共赢，而非压制对方，要学会用合作的方式来表达男子气概。此外，有关性别角色的文化思想也必须与时俱进，为尊重女性自主权提供文化背景。

夫妻相处模式没有绝对正确的。每对夫妻平衡权力分配问题的方式都不同，且随着时间的推移，此方式还在不断变化。有的夫妻需要对方施加一些操纵才能感到满意，有的则更期待相互支持、权利共享的亲密关系。然而，当夫妻中的一方必须经常牺牲自己，为另一方提供更好的服务时，这种关系就是有问题的，威胁、恐惧和惩罚不应出现在任何健康的亲密关系中。

诚然，我们应该帮助受害者摆脱情感操纵，也应支持有意寻求改变的操纵者，但个体的解决方案不能通用于整个社会。社会必须为女性提供必要的经济和教育资源，以使她们更好地支撑自己和孩子的生活，获得真正的独立和自由。我们需要确保相关法律——及其执行方式——对所有被强制性诱捕和以极端形式被情感操纵的受害者发挥了真正的保护作用。我们需要重新制定有关跟踪行为和性胁迫的法律条例，以确保它们能够保护还与操纵者生活在一起的受害者。与操纵者同居或结婚并不代表女性默许了关系中能存在非法攻击、跟踪和监禁行为，情感操纵的概念需要被更广泛地讨论，这样人们才能在关系建立之初就能识别这种不健康的因素，并作出适当的干预。

让我们回到本书的第1章，重新看看曼迪的故事。

> 35岁的曼迪和汤姆结婚了，育有两个孩子。汤姆对她的操纵越来越强，并限制她和家人的联系，曼迪感觉被困住了。曼迪的朋友们在很长时间内给予了她支持，即使汤姆不同意，他们也给曼迪打电话、发邮件、与她会面，这几乎让曼迪重拾了自信。一天早晨，12岁的孩子问曼迪：“妈妈，为什么爸爸从不让你做任何事情？”那一刻，曼迪顿悟了。
>
> 自那时起，曼迪意识到自己有权掌控自己的命运，她决定声张主权，她烫了自己喜欢的发型，报了网络课来拿大学文凭、找个工作。汤姆试图阻止她，却没有成功。

曼迪联系了当地的妇女危机干预机构，制订了一项安全计划，然后向汤姆宣布离婚的决定。起初，汤姆试图强迫曼迪回到自己身边，威胁她不这么做就夺走孩子的抚养权，或者干脆自杀。好在汤姆十分尊敬曼迪的父亲，他带着汤姆找到了擅长情感操纵问题的咨询师，在专业人员的帮助下，汤姆恢复了平静和理智，明白了继续威胁只能让自己彻底失去孩子。之后，汤姆搬去朋友家暂住，将房子留给曼迪和孩子。他还参加了暴力干预小组，遵照曼迪的意愿，只在每周六的探视时间里才联系她。曼迪和汤姆是否能重归于好，时间会告诉我们答案——但曼迪认为这不太可能。汤姆改变了与曼迪及所有女性的相处方式，在未来，相信他能建立更健康的亲密关系。

在本书中，你已经看到了很多情感操纵的案例，操纵者限制了伴侣决定自己人生的能力。在这些决定中，有的很微小，但累计起来，其影响是不容忽视的。女性必须有能力决定自己想要去哪儿、和谁在一起，想吃什么、穿什